▶ 职业教育信息技术类专业"十三五"规划教材

网页设计与制作

（Dreamweaver CS6）

姚人杰　主　编

杨永攀　副主编

U0310648

中国铁道出版社有限公司
CHINA RAILWAY PUBLISHING HOUSE CO., LTD.

内 容 简 介

本书按照"基于工作过程的任务引领、项目教学"的现代职业教育理念，从实作入手编写内容，将基础知识与实例教学有机结合。详细讲解了使用 Dreamweaver CS6 制作静态网页的基础知识。每个项目都有针对性的实例，并配有项目训练，巩固各项目所学的内容。

本书内容包括创建和管理 Web 站点、使用 HTML、使用表格布局网页、使用 CSS 控制网页元素、使用 Div+CSS 布局网页、使用模板提高制作效率、使用内置行为与 JavaScript、使用框架布局制作网页、制作适用于移动设备的网页九个实战训练项目，共计 25 个工作任务，能让学生在完成工作任务的过程中，全面了解网页设计中所涉及的相关知识，学会 Dreamweaver CS6 软件的使用，具备解决一般网页制作问题的能力。

本书适合作为中等职业院校信息技术类、电子商务类等大类专业的专业基础课教材，也可作为网页制作爱好者及相关专业在职人员的培训和自学用书。

图书在版编目（CIP）数据

网页设计与制作：Dreamweaver CS6/姚人杰主编. —北京：
中国铁道出版社，2016.12（2022.8重印）
职业教育信息技术类专业"十三五"规划教材
ISBN 978-7-113-22546-9

Ⅰ.①网… Ⅱ.①姚… Ⅲ.①网页制作工具－中等专业学校－
教材 Ⅳ.①TP393.092.2

中国版本图书馆 CIP 数据核字（2016）第 281030 号

书　　名：**网页设计与制作（Dreamweaver CS6）**
作　　者：姚人杰

策　　划：邬郑希		编辑部电话：（010）83527746
责任编辑：邬郑希		
编辑助理：卢　笛		
封面设计：刘　颖		
封面制作：白　雪		
责任校对：绳　超		
责任印制：樊启鹏		

出版发行：中国铁道出版社有限公司（100054，北京市西城区右安门西街 8 号）
网　　址：http://www.tdpress.com/51eds/
印　　刷：北京铭成印刷有限公司
版　　次：2016 年 12 月第 1 版　　2022 年 8 月第 3 次印刷
开　　本：787mm×1092mm　1/16　**印张**：10.75　**字数**：265 千
书　　号：ISBN 978-7-113-22546-9
定　　价：32.00 元

前　言

　　本书引进了先进的中职课改理念，把提高学生专业技能和培育综合素养作为教材编写的核心内容，以不断提升毕业生的市场竞争力，创新教材的呈现形式，并注重做中学、做中教，教学做合一，教学实训一体化。

　　本书编写以"必需、够用、易学、易用"为目标，以通用的实训配置为载体设计教学活动，以工作任务为中心整合相应的知识和技能。其中，每个项目细分为多个任务，由简单到复杂，下一任务是上一任务的递进；每个项目在任务之前都给出能力目标，项目之后有项目训练，使读者在项目训练过程中能够很快抓住重难点，迅速提升学生的网页设计、制作能力。

　　本书各项目教学学时安排建议：

序号	课程内容	教学时数	
		讲授与上机	说明
1	创建和管理 Web 站点	3	
2	使用 HTML	12	
3	使用表格布局网页	6	
4	使用 CSS 控制网页元素	8	
5	使用 Div+CSS 布局网页	12	建议在机房、多媒体教室组织教学，讲练结合。
6	使用模板提高制作效率	8	
7	使用内置行为与 JavaScript	10	
8	使用框架布局制作网页	4	
9	制作适用于移动设备的网页	9	
	合计	72	

　　本书由姚人杰任主编，杨永攀任副主编，陈广生、朱凌雁、孙怀志、倪彤、郑鸳、黄小平参与编写。各位编者都是来自学校教学一线的"双师型"专业骨干教师及从事网页设计的工程技术人员。编者具有丰富的教学实践经验，能够准确地把握职业院校信息技术类、电子商务类专业对人才培养的客观需求，能够将职业教学的认知规律和学生掌握技能的特点充分体现在教材中。当然，限于编者水平，书中疏漏之处在所难免，欢迎读者批评指正。

编　者

2016 年 10 月

目录 CONTENTS

项目一
创建和管理 Web 站点

创建和管理好本地站点是制作网页的基础,本地站点中要建立合适的文件夹来分类存放不同的网页对象。一个网站能否良好运行和方便维护与建站前网站的规划有着极为重要的关系。Dreamweaver 有着强大的站点创建与管理功能,用户可以用它来完成 Web 站点的创建及网页文档的添加、复制、编辑等工作。

能力目标

1. 理解站点、网站、网页的概念。
2. 掌握使用 Dreamweaver CS6 创建和管理站点的方法。
3. 了解配置 Web 服务器及虚拟目录的方法。

任务一　创建和管理本地站点

任务导入

本任务是在本地计算机上创建一个站点。站点文件夹为"dw_web"，站点名称为"DW 练习"。

任务实施

1. 创建站点

（1）打开"计算机"窗口，在本地磁盘（如 E 盘根目录下）新建名为"dw_web"的文件夹，用来作为站点文件夹。在此文件夹中新建若干个子文件夹，用于存放不同类型的网页和素材文件，按照图 1-1-1 所示建立子文件夹。

（2）运行 Dreamweaver CS6，选择"站点"菜单→"新建站点"命令，弹出"站点设置对象"对话框。

（3）在"站点名称"文本框中输入站点名称"DW 练习"，在"本地站点文件夹"文本框中设置刚才创建的站点文件夹"E:\dw_web"，如图 1-1-2 所示。

图 1-1-1　站点文件夹示例

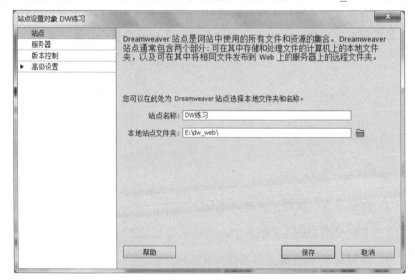

图 1-1-2　"站点设置对象"对话框

（4）单击"保存"按钮。本地站点创建工作完成。

站点创建后，Dreamweaver CS6 窗口右侧的"文件"面板中会显示新建站点的信息，如图 1-1-3 所示。此面板中有站点的完整信息：站点名称、站点所在位置、站点的树形结构。

单击站点中各文件夹前的"田"或"日"按钮可展开或折叠此文件夹。

随着工作的继续，还能在"文件"面板中看到站点中的各个网页文件及其相关的图像、动画、脚本、CSS 等各类文件。通过"文件"面板可以方便地管理站点中的各类文件对象。

2. 管理站点

用户可以通过"管理站点"对话框进行站点管理。打开"管理站点"对话框的方法有如下几种：

（1）在"文件"面板中，单击站点文件夹下拉按钮，选择"管理站点"选项（见图 1-1-4），弹出"管理站点"对话框。

图 1-1-3　"文件"面板中的站点结构　　　　图 1-1-4　"文件"面板中的"管理站点"选项

（2）选择"站点"菜单→"管理站点"命令，弹出"管理站点"对话框，如图 1-1-5 所示。

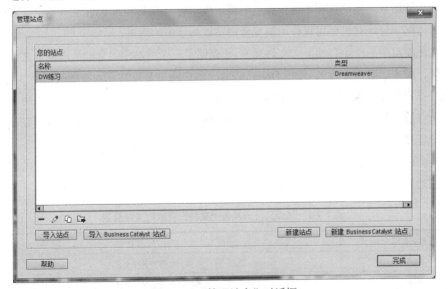

图 1-1-5　"管理站点"对话框

在"管理站点"对话框中可对站点进行整体操作如新建、复制、编辑、删除等，也可将别的站点导入到当前站点中。若要修改站点中的文件夹或文件，则通过"文件"面板来进行操作。

3. 管理站点中的文件夹和文件

通常根据网站规划的要求，会在站点文件夹中建立多个规范命名的子文件夹，用于分类存放站点中不同板块的网页文件或不同类型的素材文件。

通过 Dreamweaver CS6 中的"文件"面板可以对站点中的文件和文件夹进行如下操作：

（1）新建文件或文件夹。右击需新建文件或文件夹的父文件夹，在弹出的快捷菜单中选择"新建文件"或"新建文件夹"命令，再输入文件或文件夹的名称，按【Enter】键即可。

（2）复制文件或文件夹。右击需复制的文件或文件夹，在弹出的快捷菜单中选择"编辑"→"拷贝"命令（或按【Ctrl+C】组合键），再右击目标文件夹，在弹出的快捷菜单中选择"编辑"→"粘贴"命令（或按【Ctrl+V】组合键）即可。

或右击该文件或文件夹，在弹出的快捷菜单中选择"编辑"→"复制"命令（或按【Ctrl+D】组合键）即可。

（3）重命名文件或文件夹。右击需重命名的文件或文件夹，在弹出的快捷菜单中选择"编辑"→"重命名"命令，输入新的名称，按【Enter】键即可。

（4）删除文件或文件夹。右击需删除的文件或文件夹，在弹出的快捷菜单中选择"编辑"→"删除"命令（或按【Del】键），在弹出的"确认"对话框中，单击"是"按钮即可。

（5）移动文件或文件夹。单击并拖动需移动的文件或文件夹到目标位置即可。

 相关知识

1. 认识站点

一般来说，网页制作是在本地计算机上进行的，即需要在本地计算机上创建一个组织管理网页及相关内容的站点。当站点在本地计算机中调试成功后，再上传到 Web 服务器中正式运行，此时网络中的任何一台计算机都可以使用浏览器浏览该站点中的网页。

站点就是硬盘中的一个存储区（文件夹），它存储了一个网站中包含的所有网页文件和相关资源（如图像、脚本、数据库等）。使用 Dreamweaver 制作网页是以站点为基础的。

所以，在设计制作网页之前，先要建立一个本地站点文件夹。这个站点文件夹用于组织存放本站点中所有的网页文件及用到的素材文件（如图像、动画、音频、视频等），以便在本地对这些文件进行管理和调试。

图 1-1-1 所示的站点文件夹中创建的子文件夹的作用如表 1-1-1 所示。将站点中的网页制作完成并调试成功后，再将站点整体传送到 Web 服务器中，供他人浏览。

表 1-1-1　站点文件夹及各子文件夹存放的文件类型

文件夹名称	存放的文件类型
站点	网页文件及各子文件夹
conn	连接数据库的公共代码文件
css	CSS 层叠样式表文件
data	网页所需的数据库文件
images	图像素材文件
js	JavaScript 脚本文件
music	声音（音乐）文件
swf	Flash 动画文件

2. Dreamweaver 的站点类别

Dreamweaver 中常用的站点有 3 种：本地站点、远程站点、测试站点。

本地站点是指存放在本地计算机硬盘中的站点，一般来说是指在设计制作网页过程中，将本地计算机当作服务器进行调试使用的站点。

远程站点是指存放在远程服务器（网络中的服务器）中的站点，网站制作调试成功后，上传到该站点。

测试站点是用于测试动态网页的站点，可以是本地站点，也可以是远程站点。若是本地站点，则需要将本地计算机设置成 Web 服务器后，测试站点才能正常工作。

本书主要讲授静态网页的制作技术，不需要服务器端代码的支持。故此，只介绍本地站点的创建和使用。

任务二　在站点中创建网页

任务导入

创建好站点后就要为站点创建相关的网页。本任务将创建图 1-2-1 所示的网页作为站点的首页。

图 1-2-1　图文并茂的站点首页

任务实施

1．创建和保存网页

（1）通过"Windows 资源管理器"窗口将收集到的图片素材保存到站点文件夹"dw_web"中的"images"文件夹中，准备好网页素材。

（2）运行 Dreamweaver CS6，窗口右侧的"文件"面板中显示任务一中建立的"DW 练习"站点。右击站点文件夹，在弹出的快捷菜单中选择"新建文件"命令，输入文件名为"index.html"，按【Enter】键。

（3）双击 index.html 文件，在 Dreamweaver 的文档编辑区中就会打开这个空白的新网页。

（4）设置网页背景。在"属性"面板中单击"页面属性"按钮，弹出"页面属性"对话框（见图 1-2-2），单击"背景图像"右侧的"浏览"按钮，弹出"选择图像源文件"对话框，选择 bg.jpg 文件，单击"确定"按钮，如图 1-2-3 所示。返回"页面属性"对话框，设置左边距和右边距为 2 像素，上边距和下边距为 10 像素（见图 1-2-4），单击"确定"按钮。

图 1-2-2 "页面属性"对话框

图 1-2-3 "选择图像源文件"对话框

图 1-2-4　设置页面边距

（5）设置网页标题。在文档工具栏的"标题"文本框中输入网页的标题"e 知味"。

（6）添加图像。在窗口右侧的"文件"面板中展开"images"文件夹，选中并拖动 top01.jpg 文件到网页中，弹出"图像标签辅助功能属性"对话框，在"替换文本"文本框中输入"首页标题图"（见图 1-2-5），单击"确定"按钮，按【Shift+Enter】组合键换行。以同样的方法将图像文件 index.jpg 添加到网页中。

> **注**
>
> "图像标签辅助功能属性"对话框中的"替换文本"是指：当网页中的图像不能正常显示时，可用指定的文本来代替图像显示。

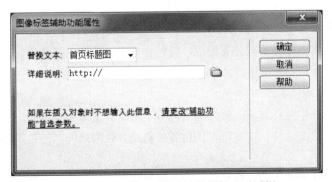

图 1-2-5　"图像标签辅助功能属性"对话框

（7）在图像下方添加一个空段落，输入文本"点击进入……"，选中"点击进入……"文本，在"属性"面板中设置加粗（B）。

（8）按【Ctrl+A】组合键选中所有对象后右击，在弹出的快捷菜单中选择"对齐"→"居中对齐"命令，如图 1-2-6 所示，使所有对象在网页中水平居中对齐。

（9）按【Ctrl+S】组合键保存网页文件，按【F12】键浏览网页。

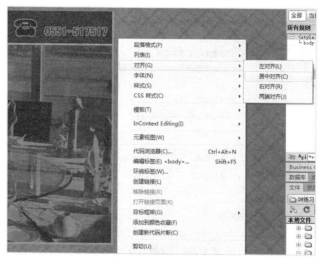

图 1-2-6　设置"居中对齐"

2．打开和关闭网页文件

（1）打开网页文件的方法有：

- 在"文件"面板中双击该文件。
- 选择"文件"菜单→"打开"命令，弹出"打开"对话框，选中文件后，单击"打开"按钮。

（2）关闭网页文件的方法有：

- 单击文档名称右侧的"关闭"按钮 ✕。
- 选择"文件"菜单→"关闭"命令，关闭当前文件。
- 选择"文件"菜单→"全部关闭"命令，关闭所有已打开的文件。

相关知识

1．网页的组成

一个网页文件通常由多种不同元素组成，可包含文本、图像、超链接、表格、层（Div）、表单、动画、音频、视频和脚本程序等元素。

2．网页的组成元素

文本：文本是网页中最基本的元素，网页内容主要是靠文本来表达的。文本字符所占的存储空间非常小，下载速度非常快。文本可以使用各种格式属性来修饰，还可以用脚本程序产生各种动态效果。

图像：网页总是图文并茂的，合理的图像布局能给人以强烈的视觉冲击效果，所以图像是网页中必不可少的元素。网页中常用的图像格式有 JPG、GIF、PNG 等。

超链接：网页中海量的信息是通过超链接来实现联系的。用户单击网页中的超链接，浏览器就会打开与之关联的网页或信息点。超链接实现了网页的跳转，将独立的网页连成了无边无际的信息海洋，使得网页与网页、网站与网站之间相互连接成为一个有机的整体。

表格：表格在网页中主要用于清晰地显示各类数据和进行页面布局，应用方便。

层（Div）：一般与 CSS（层叠样式表）结合使用，进行页面布局。其应用灵活，修改方便，可以在页面的任意可显示区域布局层，相对于表格的布局功能而言，更能代表网页布局技术的发展方向。

表单：主要用于收集用户输入的数据，实现网页的动态交互功能，因此表单主要应用于动态网页中。

动画：动画可以让网页更生动活泼，丰富视觉效果。网页中常用的动画文件格式有 GIF 和 SWF。GIF 动画最多只能正常显示 256 种颜色的画面，而 SWF 文件是 Flash 动画，可以显示真彩色动画。

音频：音频对象是网页中人机交互的又一种重要元素，让网页有了声音效果，丰富了网页的功能。音频文件的格式主要有 WAV、MIDI、MP3 等。

视频：与音频对象一样，是网页中又一种重要元素，使得网页的多媒体功能更全面，更精彩，更实用。视频文件的格式主要有 RM、AVI、WMV、MPG、FLV 等。视频文件一般都需要客户端安装相应的插件才能正常播放。

▶ 任务三 配置 Web 服务器

任务导入

如果要在本地计算机上调试网页，特别是动态网页，就需要将用户的计算机设置成一台 Web 服务器。那么，如何配置 Web 服务器呢？本任务以 Windows 7 操作系统为例来介绍配置方法。

任务实施

1. 在 Windows 7 操作系统中安装 Web 服务器

（1）单击"开始"按钮，选择"控制面板"命令，打开"控制面板"窗口，单击"程序和功能"超链接，打开程序和功能窗口，如图 1-3-1 所示。

图 1-3-1 "程序和功能"窗口

（2）单击"打开或关闭 Windows 功能"超链接，弹出"Windows 功能"对话框，勾选"Internet 信息服务"复选框，如图 1-3-2 所示。

（3）单击"确定"按钮，系统进入安装过程。等待 IIS 安装成功即可，如图 1-3-3 所示。

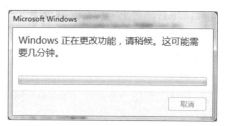

图 1-3-2　"Windows 功能"对话框　　　　　图 1-3-3　安装过程提示

2. 设置 Internet 信息服务

下面对 IIS 进行本机设置，步骤如下：

（1）打开"控制面板"窗口，单击"管理工具"超链接，打开"管理工具"窗口，如图 1-3-4 所示。

图 1-3-4　"管理工具"窗口

（2）双击"Internet 信息服务(IIS)管理器"选项，打开"Internet 信息服务(IIS)管理器"窗口，展开当前计算机主页，如图 1-3-5 所示。此窗口中主要有 ASP.NET、FTP、IIS、管理等功能区域。

（3）展开左窗格中的"网站"选项，右击默认站点"Default web site"，在弹出的快捷菜单中选择"管理网站"→"高级设置"命令，如图 1-3-6 所示。弹出"高级设置"对话框，如图 1-3-7 所示。

图 1-3-5 "Internet 信息服务(IIS)管理器"窗口

图 1-3-6 右键快捷菜单

（4）可以看到，默认的站点文件夹路径在系统盘中，通常是 C:\inetpub\wwwroot。可以更改物理路径为用户所需的目录，设置之前创建的站点文件夹 E:\dw_web 为新路径，如图 1-3-8 所示。

图 1-3-7 "高级设置"对话框

图 1-3-8 更改物理路径

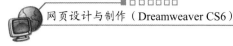

 注

也可以在此窗口中新建多个网站，并运行这些网站。此时要注意给不同的网站分出不同的端口号。网站的端口一般使用默认值 80。

（5）还可以在 IIS 管理器窗口中为网站设置默认的首页文件。双击 IIS 管理器窗口的"IIS"功能区域中的"默认文档"图标，可显示当前站点的默认首页文件列表，如图 1-3-9 所示。

图 1-3-9　设置默认首页文件

（6）设置默认文档的优先级。添加默认文档后，该选项卡中的文件列表框中会显示当前已经设置的默认文件，单击右侧的"上移"⬆或"下移"⬇按钮可以设置默认文档的优先级。处于上方的文档优先级高于处于下方的文档。

 注

文档优先级是指在网站中如果同时存在文档列表中的多个网页文件时，Web 服务优先认定哪个为首页文档，并传送给客户端。

（7）设置好本地 IIS 管理器后，直接关闭此窗口。

打开 IE 浏览器，在地址栏中输入"localhost"即可浏览本地网站中的首页。

相关知识

什么是 Web 服务器

Web 服务器又称 WWW（World Wide Web，环球信息网）服务器，人们也常称为 HTTP 服务器，主要功能是根据网页浏览器的请求提供各种网页服务，即将服务器中的网页传送给客户端，供其浏览。Windows 系统提供的 Web 服务器组件 IIS（Internet Information Server，互联网信息服务）具有强大的 Internet 和 Intranet 服务功能，如 Web 服务、FTP 服务、SMTP 服务等。

Web 服务器拥有一个主目录（文件夹）和若干虚拟目录用于发布站点。一般情况下，网站的内容都组织存放在一个目录中，这个目录称为主目录。默认的主目录是 C:\Inetpub\wwwroot，也可将其设置成其他目录，如之前建立的站点 E:\dw_web。

项 目 训 练

一、填空题

1．站点就是硬盘上的一个_____。

2．Dreamweaver 中常用的站点有三种：_____、_____、_____。

3．Dreamweaver 中，选择"_____"菜单→"_____"命令后即可在弹出的对话框中根据向导逐步进行创建站点的操作。

4．Web 服务器拥有一个_____和若干_____用于发布站点。

二、选择题

1．下列方法中能打开 Dreamweaver 的"管理站点"对话框的是（   ）。

  A. 双击"文件"面板中的站点文件夹

  B. 选择"站点"→"管理站点"命令

  C. 选择"插入"→"管理站点"命令

  D. 选择"文件"→"管理站点"命令

2．Web 服务器又称（   ）。

  A. IIS 服务器   B. WWW 服务器

  C. FTP 服务器   D. Internet 服务器

3．下列关于"IIS 管理器"窗口的说法正确的是（   ）。

  A. 使用此窗口，能设置 Web 服务，也能设置 FTP 服务等网络服务功能

  B. 使用此窗口，不能建立多个 Web 网站

  C. 使用此窗口，能建立多个 Web 网站，并能同时启动这些网站

  D. 使用此窗口，能建立多个 Web 网站，但对于某一端口一次只能启动一个网站

三、简答题

1．简述在 Dreamweaver 中创建站点的一般步骤。

2．简述在 Windows 7 操作系统中安装 IIS 的一般步骤。

四、操作题

1．参照任务一的做法，运行 Dreamweaver CS6，创建自己的站点。站点文件夹为 E:\exercise，

站点中子文件夹的创建参照任务一。站点名称使用自己的姓名或其他便于记忆的名称。

2．参照任务二所介绍的方法及图 1-4-1 所示的效果，在站点 E:\exercise 中新建一个网页，作为网站的首页保存为 index.html。

图 1-4-1 "茗香绿长"香茗专卖网站首页

3．参照任务三的做法，在本地计算机中安装 Internet 信息服务组件，并能正确使用 localhost 地址在浏览器中浏览网站首页。

项目二

使用 HTML

　　绚丽多彩的网页是由 HTML（HyperText Markup Language，超文本标志语言）将各种元素有机组合而成的，是纯文本格式的，可以使用任何一种文本编辑软件（如写字板、记事本等）来实现。但考虑到网页内容的复杂性和网页开发的高效性，一般不会直接通过书写 HTML 语句来制作网页，而是通过一些专业的开发软件来制作。这些软件能自动生成 HTML 语句以及可视化工作界面，大大减少了人工编写的工作量，制作过程直观明了。Dreamweaver 就是这样一款网页开发软件。

能力目标

1. 认识 HTML 常用标记，理解其常用属性。

2. 掌握 HTML 常用标记的用法。

3. 熟练使用 HTML 制作较简单的网页。

任务一　创 建 网 页

任务导入

通过一个简单的网页实例来认识 HTML 文件的基本结构和 HTML 的基本语法，任务实例如图 2-1-1 所示。网页背景颜色为深红色，文本颜色为白色。

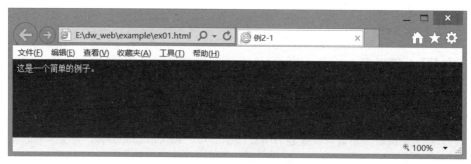

图 2-1-1　网页实例

任务实施

（1）运行 Dreamweaver CS6，在"文件"面板的站点文件夹 E:\dw_web 中，新建一个示例文件夹"example"。

（2）右击此示例文件夹，新建一个网页文件，命名为"ex01.html"。

（3）打开此文件进行编辑。

（4）切换视图方式为"代码"视图。可以看到这个空白文件中已经包含一些基本代码，按【Ctrl+A】组合键选中所有代码，删除。

（5）输入如下代码：

```html
<html>
  <head>
    <meta http-equiv="Content-Type" content="text/html; charset=utf-8">
    <title>例2-1</title>
  </head>
  <body bgcolor="#880000" text="#FFFFFF">
    <p>这是一个简单的例子。</p>
  </body>
</html>
```

（6）保存文件，按【F12】键浏览，生成的网页见图 2-1-1。

注

上例中各行代码的含义如下：

<meta http-equiv="Content-Type" content="text/html; charset=utf-8">：声明使用 UTF-8 字符集（能正确显示中文字符）显示网页中的文本；

<title>例 2-1</title>：设置网页的标题，显示于页面标题栏中；

<body bgcolor="#880000" text="#FFFFFF">：设置网页的文本颜色与背景颜色；

<p>这是一个简单的例子。</p>：这是网页中将要显示的段落文本。

相关知识

1．什么是 HTML

HTML 是一种用来制作超文本文档的简单标记语言。用 HTML 编写的超文本文档称为 HTML 文档，通常它的扩展名为".html"或".htm"。

2．HTML 基本语法

HTML 通过各种标记来标识文档的结构和文字、图像、动画、声音、表格、链接等信息。HTML 的标记总是放在一对尖括号<>中，有两种形式：单标记和双标记。

3．文档的结构

HTML 文档通常由包含在<html>…</html>标记对之间的头部和主体两部分构成，基本结构如图 2-1-2 所示。

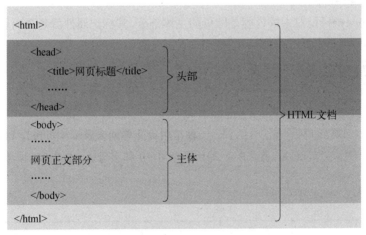

图 2-1-2　HTML 文档基本结构

其中：

（1）<html>…</html>表示文档的开头和结尾，在代码的最外层，文档中的所有信息都包含在这一标记对中。

（2）<head>…</head>表示 HTML 文档的头部，这一标记对中的内容用于说明网页文件的标题（<title>…</title>）和其他公共属性。

（3）<body>…</body>标记对之间的内容是浏览器窗口中要显示的内容。

4．单标记

单独使用就可以表达语意的标记。

语法：<标记>

例如：换行标记
。

5．双标记

双标记必须成对出现，由"始标记"和"尾标记"两部分组成。"尾标记"是在"始标记"前加一个斜杠"/"。

语法：<标记>…</标记>

例如：段落标记<p>…</p>

6．标记属性

为了使呈现的页面更加美观，除了使用标记，还可以使用标记的属性对标记之间的内容进行修饰，其语法为：

```
<标记  属性1="值"  属性2="值"  属性3="值"  ...>
例如：<body bgcolor="#880000" text="#FFFFFF">
```

属性是可以省略的，省略时即取默认值。各个属性之间无先后次序，但是各属性间必须用空格隔开，属性的值用半角英文双引号括起来。

7．页面标记的属性

<body>…</body>标记对中的内容是网页的主体部分，其标记属性就是页面属性，如 bgcolor、background、text 等。例如：

```
bgcolor="颜色"                         <--设置网页的背景颜色-->
background="图像文件的路径/图像文件的名字"   <--设置网页的背景图像-->
text="颜色"                            <--设置网页的文本颜色-->
```

在 HTML 中，颜色的表示方法有两种：一种是用英文单词来表示，如 red、blue 等。另一种是用十六进制的红（R）、绿（G）、蓝（B），即用数字 0～9 和字母 A～F 来表示，如"#FF0000"表示红色。

ⓘ **任务拓展**

使用 Dreamweaver 的"代码"视图，制作和站点首页 index.html 效果相同的网页。操作步骤如下：

（1）运行 Dreamweaver CS6，打开站点"DW 练习（E:\dw_web）"。

（2）右击 example 文件夹，新建一个空白的网页文件，命名为"ex02.html"。

（3）切换到"代码"视图。删除原有的全部语句，输入代码如下：

```html
<html>
<head>
    <meta http-equiv="Content-Type" content="text/html; charset=utf-8">
    <title>例2-2</title>
</head>
<body background="../images/bg.jpg">
    <div align="center">
        <img src="../images/top01.jpg" width="800" height="70">
        <br>
        <img src="../images/index.jpg" width="800" height="427">
        <p><a href="../home.html">点击进入……</a></p>
    </div>
</body>
</html>
```

（4）保存文件并浏览。仔细观察网页，可以看到此网页与 index.html 大致相同。细节上的不同是由于本案例中没有对<body>标记设置相应的样式。随着学习的深入，对 HTML 更熟悉以后，这些问题都会迎刃而解。

（5）观察网页代码，分析哪些是单标记，哪些是双标记？

▶ 任务二　使用页面标记创建网页

任务导入

本任务将结合"优秀员工评比的通知"网页，介绍页面标记的使用方法。任务实例如图2-2-1所示。

图 2-2-1　优秀员工评比的通知

任务实施

（1）运行 Dreamweaver CS6，打开站点"DW 练习（E:\dw_web）"。复制图片素材"dhh.jpg"到站点的 images 文件夹中。

（2）在站点根目录下新建一个文件夹 article，在此文件夹中新建一个空白的网页文件"notice.html"，双击打开此文件。

（3）切换到"代码"视图。删除原有的全部语句，输入代码如下：

```html
<html>
<head>
    <meta http-equiv="Content-Type" content="text/html; charset=utf-8" />
    <title>企业活动</title>
</head>
<body style="margin-left:2px; margin-top:2px; margin-right:2px; margin-bottom:
2px; font-family:宋体;">
<center>
    <p><img src="../images/dhh.jpg" width="100" height="95"></p>
    <h1>关于 2016 年度优秀员工评比的通知</h1>
    <hr width="90%" size="2">
</center>
<p>    2016 年度优秀员工表彰大会定于 2017 年元月十日上午九点进行，
要求参加评比的员工有 2016 年工作总结。评比内容如下： </p>
<h2>评比标准： </h2>
<ul>
    <li>工作具体表现(50%) (包括工作成绩、工作创新及工作结果)</li>
    <li>工作态度(20%) (包括工作认识、理论学习、精神状态、是否积极进取)</li>
    <li>工作纪律(10%) (包括积分情况、制度遵守情况及违规违章情况)</li>
    <li>团队精神(20%) (与其他员工合作配合情况)</li>
</ul>
<h2>评比程序： </h2>
<ol>
    <li>被评比人在元旦前交 2016 年个人工作总结。</li>
    <li>大会发言角逐，其他员工依据上述四个标准评分，获最高分的员工胜出。</li>
    <li>评比类别分为两类：酒店类评 10 名，后勤类评 4 名。</li>
</ol>
<h2>奖励措施： </h2>
<p>     凡被评为 2016 年度优秀员工的，由公司领导颁发奖状、奖品并合影
留念，<font style="color: #FF0000;font-weight: bold;">载入公司发展大事记。</font></p>
<p align="right">e 知味 餐饮连锁有限公司<br>
2016 年 12 月 15 日</p>
</body>
</html>
```

（4）分析网页文件中所使用的标记及其属性。

（5）保存此网页文件并浏览。网页效果如图 2-2-1 所示。

相关知识

1．标题标记

格式：<h#>…</h#>

其中，"#"的取值范围为1～6。取1时为一级标题，字体最大；取6时为六级标题，字体最小。

作用：设置文档的各级标题。

常用属性：align 用于定义标题的对齐方式，默认值为"左对齐"，属性值如表 2-2-1 所示。

表 2-2-1　标题标记的 align 属性

属 性 值	功 能	示 例
left	左对齐	<h2 align="left">二级标题左对齐</h2>
center	居中对齐	<h2 align="center">二级标题居中对齐</h2>
right	右对齐	<h2 align="right">二级标题右对齐</h2>

2．版面格式标记

（1）说明标记：

格式：<! ——说明性文字——>

作用：为文档加上说明文字，但是不显示在网页中，主要是便于开发者阅读代码。

（2）段落标记：

格式：<p>…</p>

作用：标记间的内容为一个段落。

常用属性：align 用于定义段落的对齐方式。取值方式如表 2-1-1 所示。

（3）换行标记：

格式：

作用：使标记后的内容换行显示，但是不换段落。

（4）字体标记：

格式：<font>…</font>

作用：设置标记间文字的字体、大小、颜色等。

常用属性如表 2-2-2 所示。

表 2-2-2　字体标记的常用属性

常 用 属 性	功 能	示 例
face	字体	<font face="宋体">文本</font>
size	大小，取值范围为1～7	<font size="1">文本</font>
color	颜色	<font color="red">文本</font>
title	当鼠标指向文本时，显示的信息	<font title="标记">文本</font>

（5）字体修饰标记：

作用：设置标记间文字的粗体、斜体、下画线等特殊效果。

常用的字体修饰标记及其功能如表 2-2-3 所示。

表 2-2-3　字体修饰标记

标　记	功　能	示　例
\…\ \…\	粗体	\文本加粗显示\
\<i>…\</i>	斜体	\<i>文本斜体显示\</i>
\<u>…\</u>	下画线	\<u>文本加下画线显示\</u>
\<s>…\</s> \<strike>…\</strike>	删除线	\<strike>文本加删除线显示\</strike>
\<big>…\</big>	字体加大	\<big>字体加大显示\</big>
\<small>…\</small>	字体缩小	\<small>字体缩小显示\</small>
\^{…\}	上标	\^{文本变上标显示\}
_{…\}	下标	_{文本变下标显示\}
\…\	强调	\字体强调显示\

（6）居中对齐标记：

格式：\<center>…\</center>

作用：设置标记间的内容居中对齐方式，与\<p>等标记的属性 align="center" 相同。

（7）水平线标记：

格式：\<hr>

作用：在文档中插入一条水平线。

常用属性如表 2-2-4 所示。

表 2-2-4　水平线标记的常用属性

常用属性	功　能	示　例
align	水平线对齐方式 若省略属性值，则默认为居中对齐	\<hr align="right">
color	水平线的颜色	\<hr color="#666666">
size	水平线的粗细，单位默认为像素	\<hr size="5">
width	水平线的长度，单位为像素或百分比 （百分比指的是占页面宽度的比例）	\<hr width="95%">
noshade	水平线无阴影	\<hr noshade color="red">

（8）特殊符号：

作用：在文档中显示特殊符号。

键盘上的"＞""＜"等符号是 HTML 的专用符号。如果要在代码中表述这些特殊符号，需要使用字符名称字符串转义的方法来实现。各种特殊符号的字符名称如表 2-2-5 所示。

表2-2-5　特殊符号

字 符 名 称	显 示 结 果
	空格
&lt;	小于号（<）
&gt;	大于号（>）
&quot;	双引号（"）
&times;	乘号（×）
&copy;	版权所有（©）
&reg;	已注册（®）

3．项目符号标记

格式：

```
<ol>
    <li>列表项 1</li>
    ……
    <li>列表项 n</li>
</ol>
<ul>
    <li>列表项 1</li>
    ……
    <li>列表项 n</li>
</ul>
```

作用：将要显示的内容，以列表方式显示出来。列表分为有序号列表<ol>和无序号列表<ul>两类。

<ol>和<ul>标记的常用属性为 type，属性值分别如表 2-2-6 和表 2-2-7 所示。

表2-2-6　<ol>标记的 type 属性

属 性 值	功 　 能
decimal	数字（默认值）
i	小写罗马数字
I	大写罗马数字
a	小写字母
A	大写字母

表2-2-7　<ul>标记的 type 属性

属 性 值	功 　 能
disc	实心圆点（默认值）
circle	空心圆
square	实心小方块

（1）有序号列表：它的主要标记有<ol>…</ol>和<li>…</li>。其中，标记<ol>…</ol>放在外层，标记<li>…</li>放在内层用于区分每个列表项。列表效果如图 2-2-2 所示。

1. 有序列表项1	i. 有序列表项1	I. 有序列表项1	a. 有序列表项1	A. 有序列表项1
2. 有序列表项2	ii. 有序列表项2	II. 有序列表项2	b. 有序列表项2	B. 有序列表项2
3. 有序列表项3	iii. 有序列表项3	III. 有序列表项3	c. 有序列表项3	C. 有序列表项3

图 2-2-2　有序号列表示例

【例 2-1】　图 2-2-2 中第 5 列所示列表的代码如下所示。

```
<ol type="A">
    <li>有序列表项 1</li>
    <li>有序列表项 2</li>
    <li>有序列表项 3</li>
</ol>
```

（2）无序号列表：即项目符号列表，它的主要标记有<ul>…</ul>和<li>…</li>。其中，标记<ul>…</ul>放在外层，标记<li>…</li>放在内层用于区分每个列表项。列表效果如图 2-2-3 所示。

• 有序列表项1	○ 有序列表项1	■ 有序列表项1
• 有序列表项2	○ 有序列表项2	■ 有序列表项2
• 有序列表项3	○ 有序列表项3	■ 有序列表项3

图 2-2-3　无序号列表示例

【例 2-2】　图 2-2-3 中第 2 列所示列表的代码如下所示。

```
<ul type="circle">
    <li>有序列表项 1</li>
    <li>有序列表项 2</li>
    <li>有序列表项 3</li>
</ul>
```

4．图像标记

格式：<img>

作用：在文档中插入图像文件。这些图像文件的格式可以是.JPG、.GIF 和.PNG。

常用属性如表 2-2-8 所示。

表 2-2-8　图像标记的常用属性

常用属性	功　能	示　例
src	指定插入图像文件的路径和名称	<img src="images/1.jpg">
align	对齐方式，属性值：left、right、top、middle、bottom	<img src="images/1.jpg" align="middle">
alt	当鼠标指向图像时，显示的文本	<img src="images/1.jpg" align="middle" alt="文本">
width	指定图像的宽度，单位为像素	<img src="images/1.jpg" width="200" height="150" border="2">
height	指定图像的高度，单位为像素	
border	指定图像的边框，单位为像素，默认值为0，即无边框	
hspace	指定图像左右两边与其他对象之间的距离，单位为像素	<img src="images/1.jpg" hspace="15" vspace="15">
vspace	指定图像上下两端与其他对象之间的距离，单位为像素	

网页中常用的图像格式类型：

JPG 文件：真彩位图图像的压缩格式，与未压缩的真彩图像格式相比占用的数据量较少，便于网络传输。其显示质量与压缩率有关。

PNG 文件：专门针对 Web 的一种无损压缩图像格式文件，其压缩比较大，同时还支持透明背景和动态效果。

GIF 文件：表示图像的颜色数最多为 256 种，可仿真彩色。图像所占用的数据量较少，是网页中常用的图像类型之一，分为静态 GIF（图片）和动态 GIF（动画）。

▶ 任务三 使用表格标记

任务导入

任务二中的通知网页结构过于简单，在网页中增加一些相关元素后就会有较好的显示效果，本任务增加的页面效果如图 2-3-1 所示。为了使得这些增加的内容和原先的通知内容有机结合、统一布局，使用表格布局是比较通用的做法。

图 2-3-1　使用表格布局的网页

任务实施

（1）运行 Dreamweaver CS6，打开站点"DW 练习"中 article 文件夹中的 notice.html 文件。

（2）切换到"代码"视图。

（3）在原有的代码中，进行如下补充：

其中带下画线部分的内容与任务二中的相应内容相同，主体中与任务二中内容相同的部分语句不再列出，读者自行理解。

```
<html>
<head>
<meta http-equiv="Content-Type" content="text/html; charset=utf-8" />
<title>企业活动</title>
</head>
<body background="../images/bg.jpg" style="margin-left:2px; margin-top:2px;
margin-right:2px; margin-bottom:2px; font-family:宋体;">
<table width="1000" border="0" align="center" cellpadding="0" cellspacing="0"
bgcolor="#FFFFFF">
<tr>
<td align="center"><img src="../images/top.png" width="800" height="70" /></td>
</tr>
<tr>
<td height="34" bgcolor="#336600">
<font color="#FFFFFF">您现在所处位置：每味美味酒店 &gt; 企业活动 &gt; 关于 2016 年度优
秀员工评比的通知</font>
</td>
</tr>
<tr>
<td height="10" valign="top">
<center>
<p><img src="../images/dhh.jpg" width="100" height="95"></p>
<h1>关于 2016 年度优秀员工评比的通知</h1>
<hr width="90%" size="2">
</center>
<p>    2016 年度优秀员工表彰大会定于 2017 年元月十日上午九点进行，
要求参加评比的员工有 2016 年工作总结。评比内容如下：</p>
<h2>评比标准：</h2>
<ul>
<li>工作具体表现(50%)(包括工作成绩、工作创新及工作结果)</li>
<li>工作态度(20%)(包括工作认识、理论学习、精神状态、是否积极进取)</li>
<li>工作纪律(10%)(包括积分情况、制度遵守情况及违规违章情况)</li>
<li>团队精神(20%)(与其他员工合作配合情况)</li>
</ul>
<h2>评比程序：</h2>
<ol>
<li>被评比人在元旦前交 2016 年个人工作总结。</li>
```

```
<li>大会发言角逐，其他员工依据上述四个标准评分，获最高分的员工胜出。</li>
<li>评比类别分为两类：酒店类评 10 名，后勤类评 4 名。</li>
</ol>
<h2>奖励措施：</h2>
<p>    凡被评为 2016 年度优秀员工的，由公司领导颁发奖状、奖品并合影
留念，<font style="color: #FF0000;font-weight: bold;">载入公司发展大事记</font>。</p>
<p align="right">e 知味 餐饮连锁有限公司<br>
2016 年 12 月 15 日</p>
</td>
</tr>
<tr>
<td height="80" align="center" bgcolor="#336600">
<font color="#FFFFFF">版权所有 Copyright(C)2009-2011 ××市"e 知味"餐饮酒店</font>
</td>
</tr>
</table>
</body>
</html>
```

（4）分析网页文件中所使用的标记及其属性。

（5）保存网页文件并浏览，网页效果如图 2-3-1 所示。

相关知识

1. 表格相关标记

表格中的主要标记有以下五种：

（1）表格标记：

格式：`<table>…</table>`

作用：表示表格的开始和结束。

常用属性如表 2-3-1 所示。

表 2-3-1　<table>标记的常用属性

常 用 属 性	功　能
width	表格宽度，单位为像素或百分比
height	表格高度，单位为像素或百分比
align	表格的对齐方式，属性值有 left、center、right，默认值为左对齐
border	表格边框的宽度，单位为像素，默认值为 0，即无边框
bordercolor	表格边框颜色
bgcolor	表格的背景颜色
background	表格的背景图像
cellspacing	单元格与单元格之间的间距，单位为像素
cellpadding	单元格内容与单元格边框的距离，单位为像素

（2）表格标题标记：

格式：`<caption>…</caption>`

作用：用于设置表格的标题，该标记可省略。

（3）行标记：

格式：`<tr>…</tr>`

作用：表示表格中的一行，该标记要放在`<table>…</table>`标记对之间。

常用属性如表 2-3-2 所示。

表 2-3-2 <tr>标记的常用属性

常 用 属 性	功　　能
align	行中内容的水平对齐方式，属性值有 left、center、right，默认值为左对齐
valign	行中内容的垂直对齐方式，属性值有 top、middle、bottom，默认值为居中对齐
height	行高，单位为像素或百分比
title	当鼠标指向该行时，显示的文字
bgcolor	表格行的背景颜色
bordercolor	表格行的边框颜色
nowrap	设定行中所有单元格中内容不能自动换行

（4）单元格标记：

格式：`<td>…</td>`

作用：表示表格中的某个单元格，该标记必须包含在`<tr>…</tr>`标记对之间。

常用属性如表 2-3-3 所示。

表 2-3-3 <td>标记的常用属性

常 用 属 性	功　　能
align	单元格内容的水平对齐方式，属性值有 left、right、center，默认值为左对齐
valign	单元格内容的垂直对齐方式，属性值有 top、middle、bottom，默认值为居中对齐
width	单元格的宽度
height	单元格的高度
bgcolor	单元格的背景颜色
bordercolor	单元格的边框颜色
nowrap	设定单元格中内容不能自动换行
rowspan	单元格所占的行数，用于合并单元格
colspan	单元格所占的列数，用于合并单元格

（5）表头单元格标记：

格式：`<th>…</th>`

作用：表示表格中的表头单元格，该标记必须包含在`<tr>…</tr>`标记对之间，但是该标记可以省略。

常用属性：同<td>标记的常用属性，如表 2-3-3 所示。

 注

如果<td>标记中属性值与<th>标记中的属性值冲突时，以<td>标记中属性值为主。

2. 合并单元格

使用<td>标记中的 rowspan 属性和 colspan 属性可以实现若干单元格的合并。其中，colspan 是横向合并，rowspan 是纵向合并。

图 2-3-2 中左边的表格通过合并单元格后得到如右边所示的表格。右侧表格中的 A2 单元格是左侧表格 A2、B2 两个单元格纵向合并得到的（属性 rowspan="2"），右侧表格中的 B3 和 C2 单元格都是通过横向合并得到的（分别设置属性 colspan="2"和 colspan="3"）。

图 2-3-2 合并单元格

在进行单元格合并时要注意以下几点：

（1）整个表格中，每行的列数是相同的。

（2）如果在某行中使用了 colspan 属性，即在该行中进行了横向合并。例如：colspan="2"，则从当前单元格向右合并两个单元格，此时在当前行<tr>标记中就要少包含一个<td>标记，依此类推。

（3）如果在某列中使用了 rowspan 属性，即在该列中进行了纵向合并。例如：rowspan="2"，则从当前单元格向下合并两个单元格，此时在下一行中就少包含一个单元格，即下一行的<tr>标记中要少包含一个<td>标记，依此类推。

任务四 超链接标记

任务导入

创建超链接是 HTML 中一个重要的部分，网站是由多个网页构成的，每个网页之间就是通过超链接将它们连接在一起，实现互相访问。

本任务将为站点"DW 练习"中的首页文件 index.html 设置超链接，单击"点击进入……"文本，即可在当前窗口中打开下一级网页文件 home.html，如图 2-4-1 圆圈部分所示。

图 2-4-1　设置超链接后的站点首页

任务实施

（1）运行 Dreamweaver CS6，双击站点"DW 练习"中的 index.html 文件。

（2）切换到"代码"视图。

（3）找到下列语句：

```
<p align="center">点击进入……</p>
```

修改成：

```
<p align="center"><a href="home.html">点击进入……</a> </p>
```

（4）保存并浏览网页。单击"点击进入……"时，会产生页面跳转。

由于 home.html 文件尚不存在，跳转会出现错误提示，如图 2-4-2 所示。当项目三中的 home.html 文件制作好后，这个超链接就会正常跳转。

无法显示此页

- 确保 Web 地址 正确。
- 使用搜索引擎查找页面。
- 请过几分钟后刷新页面。

修复连接问题

图 2-4-2　单击超链接后的显示结果

相关知识

1．超链接标记

格式：<a>…</a>

作用：定义超链接，用于从网页中的文本、图像等对象链接到其他的网页、图像或文件等。

常用属性如表 2-4-1 所示。

表 2-4-1 超链接标记的常用属性

常 用 属 性	功 能	示 例
href	链接文件的地址，可以是本机上的位置，也可以是网址	<a href="1.jpg">图片</a> <a href="http://www.163.com">网易</a>
target	打开链接的目标窗口，属性值有_blank、_parent、_self、_top	<a href="1.jpg" target="_blank">图片</a>
title	鼠标指向链接时，显示的信息	<a href="1.jpg" title="图片 1">图片</a>

其中，target 属性用以指定目标对象显示的位置。各属性值的含义如下：

_blank：在新窗口中打开。

_parent：在上一级窗口中打开。

_self：在当前窗口打开，为默认值。

_top：在浏览器的整个窗口中打开，会删除所有框架（主要针对框架网页）。

2．绝对路径和相对路径

在网页中引用对象（如图像、网页等）时，需要指定该对象的位置，即路径。这个路径可以是本机上的资源，也可以是网络上的资源。

HTML 有两种路径：绝对路径和相对路径。

（1）绝对路径。从站点根目录开始完整地描述文件位置的路径是绝对路径。

例如：E:\dw_web\image\top.jpg 或者 http://www.163.com。

（2）相对路径。从当前文档所保存位置开始描述的路径是相对路径。

在使用相对路径时，需注意：

① 如果网页文档和引用的文件在同一个文件夹中，直接写引用文件的文件名。

例如：在当前站点中有 index.html 文件和 home.html 文件。当网页文档 index.html 的超链接中引用 home.html 时，可以直接写<a href="home.html">。

② 如果引用的文件在网页文档的下级文件夹中，直接写下级文件夹的路径即可。

例如：在当前站点中有文件夹 images，在 images 中有图像文件 top01.jpg，当网页文档 index.html 中引用 top01.jpg 时，可以写<img src="images/top01.jpg">。

③ "../"用来表示网页文档的上一级文件夹，"../../"表示网页文档的上上级文件夹，依此类推。

例如：在当前站点中有文件夹 article，在此文件夹中有 notice.html 文件。若此网页文件中要引用 images 文件夹中的 top.jpg 文件，可以写<img src="../images/top.jpg">。

任务五　使用表单标记

任务导入

　　表单是网页上的一个特定的区域，是信息交互的控件集合，相当于一个容器，其中可以包含按钮、文本框、下拉列表等。表单在 HTML 页面中发挥着重要的作用——利用表单可以收集客户端提交的信息，是联系用户和站点的重要桥梁，实现交互的重要手段。

　　图 2-5-1 所示是一个简易的"在线预订"网页界面，该界面通过表单对象与用户进行交互，接收用户数据。本任务通过分析此表单中的对象来认识其相应的 HTML 代码。

图 2-5-1　"在线预订"网页界面

　　今后的学习中不要求以书写 HTML 代码的方式来设计表单。表单的设计使用可视化界面非常容易实现。

> **注**
>
> 　　由于表单对象的内容（值）需要传递到相应的服务器，由服务器端的相关程序来处理，故在静态网页制作中，用户只能设计表单的页面效果，而不能处理用户数据。表单的具体使用方法应通过学习动态网页知识来理解和掌握。

任务实施

　　（1）运行 Dreamweaver CS6，打开站点"DW 练习"，在 example 文件夹中新建一个网页文件 ex03.html。

（2）双击此文件，在编辑区中打开它。

（3）切换到"拆分"视图。在<body>…</body>标记对之间输入下列代码：

```
<form action="" method="post" name="order_form" >
<table width="800" border="0" cellspacing="0" cellpadding="3" >
    <tr>
        <td colspan="4" bgcolor="green"><strong>e 知味 在线预订</strong></td>
    </tr>
    <tr>
        <td width="20%" align="right">酒店索引: </td>
        <td width="30%">
            <select name="catid">
            <option value="0">请选择店名</option>
            <option value="1">上海&gt;淮海路店</option>
            <option value="2">上海&gt;南京路店</option>
            </select>
        </td>
        <td width="20%" align="right">预订人姓名: </td>
        <td width="30%">
            <input type="text" name="ordername" value="">
        </td>
    </tr>
    <tr>
        <td width="20%" align="right">您的消费时间: </td>
        <td>
            <input type="text" name="ordertime" value="">
        </td>
        <td width="20%" align="right">就餐人姓名: </td>
        <td width="30%">
            <input type="text" name="ordereatname" value="">
        </td>
    </tr>
    <tr>
        <td width="20%" align="right">您消费的人数: </td>
        <td>
            <input type="text" name="ordernumber" value="">
        </td>
        <td width="20%" align="right">移动电话: </td>
        <td width="30%">
            <input type="text" name="ordermobile" value="">
        </td>
    </tr>
    <tr>
```

```
        <td width="20%" align="right">选择包间类型: </td>
        <td>
            <input name="orderroom" type="radio" value="orderroom" checked= "checked" />
散座   
            <input name="orderroom" type="radio" value="orderroom">包厢
        </td>
        <td width="20%" align="right" >固定电话: </td>
        <td width="30%">
            <input type="text" name="ordertel" value="">
        </td>
    </tr>
    <tr>
        <td align="right">能否延迟订单: </td>
        <td>
            <input name="orderdelay" type="radio" value="orderdelay" checked=
"checked">能       
            <input name="orderdelay" type="radio" value="orderdelay">否
        </td>
        <td align="right">E-mail: </td>
        <td>
            <input type="text" name="ordermail" value="">
        </td>
    </tr>
    <tr>
        <td align="right">区域类型: </td>
        <td>
          <select name="ordersmoke">
              <option value="" selected>无烟区</option>
              <option value="">吸烟区</option>
          </select>
        </td>
        <td></td>
        <td></td>
    </tr>
    <tr>
        <td align="right">备注事项: </td>
        <td colspan="3">
            <textarea name="orderother" cols="70"  rows="7" style="width:565;
height:138" ></textarea>
        </td>
    </tr>
    <tr>
        <td height="30" colspan="4" align="center">
```

```
                <input type="submit" name="Submit" value="提交">
                <input type="hidden" name="act" value="order">
        </td>
    </tr>
</table>
</form>
```

在学习了"相关知识"后,请分析网页代码中的表单对象。

熟练使用表单对象有助于今后静态网页的布局和动态网页表单的运用。

相关知识

1. 表单

格式:<form>…</form>

作用:表示表单的开始和结束,在<form>…</form>标记对之间,可以使用<form>以外的任何 HTML 标记,这使表单变得非常灵活。

常用属性如表 2-5-1 所示。

表2-5-1 <form>标记的常用属性

常 用 属 性	功　　能
action	用于定义处理表单信息的服务器端页面(URL)
method	用于定义将表单结果从浏览器传送到服务器的方法,有两种:get 和 post。默认方法为 get,其数据处理效率要比 post 方法高,但是该方法不能用于传递大于 1KB 的信息。post 方法可以隐藏信息,安全性较好
target	在指定位置打开 action 所指向的 URL,属性值有_blank、_parent、_self、_top
title	当鼠标指向表单时,显示的提示信息

2. 常用的表单控件

常用的表单控件如表 2-5-2 所示。

表2-5-2 表单的主要控件

名　　称	控　　件	功　　能
text		文本框:用于接收用户输入的文本
button	按钮	普通按钮:响应用户单击
submit	提交	提交按钮:提交表单数据到相应的处理程序
reset	重置	重置按钮:清空表单的内容,恢复到初始状态
radio	○	单选按钮:一组选项中只能选择一项
checkbox	□	复选框:一组选项中可以选择多项

续表

名　称	控　件	功　能
select		下拉列表框：从下拉列表中选择选项
textarea		多行文本框：又称文本域，用于接收用户输入的多行文本

3．<Input>标记

<Input>标记可以表示多种表单元素，通过设定属性 type="表单类型"来实现的。

（1）文本框和密码框。类型分别为：

```
type="text"              <--文本框-->
type="password"          <--密码框-->
```

常用属性如表 2-5-3 所示。

表 2-5-3　文本框和密码框的常用属性

属　性	功　能
name	设定控件的名称
size	设定控件显示的宽度（字符数）
value	设定控件的初始值
maxlength	设定控件可输入字符串的最大长度

【例 2-3】　以下代码对应图 2-5-2 所示的效果。

```
用户名: <input type="text" name="t1" size="20"><br>
密  码: <input type="password" name="t2" size="20">
```

用户名：
密　码：

图 2-5-2　文本框和密码框

（2）按钮。按钮分为普通按钮、提交按钮、重置按钮。

普通按钮：type="button"。单击此按钮执行设定的代码。

提交按钮：type="submit"。单击此按钮，用户输入的信息即被传送到服务器。

重置按钮：type="reset"。单击此按钮，用户输入的信息全部清除，可重新输入。

常用属性如表 2-5-4 所示。

表 2-5-4　按钮的常用属性

属　性	功　能
name	设定按钮的名称
value	设定按钮上显示的文字

（3）单选按钮。类型为 type="radio"。将多个选项组成单选按钮组，用户一次只能选择一项。常用属性如表 2-5-5 所示。

表 2-5-5 单选按钮的常用属性

属 性	功 能
name	设定单选按钮的名称
value	设定单选按钮组中选择项的值
checked	设定默认选项

【例 2-4】 以下代码对应图 2-5-3 所示的效果。

```
性   别:
<input type="radio" name="r1" value="radio" checked="checked">男
<input type="radio" name="r1" value="radio2">女
```

（4）复选框。类型为 type="checkbox"，复选框是将多个选项组成选项组，用户一次能选择多项。

常用属性如表 2-5-6 所示。

表 2-5-6 复选框的常用属性

属 性	功 能
name	设定复选框的名称
value	设定复选框中选项的值
checked	设定默认选择项

【例 2-5】 以下代码对应图 2-5-4 所示的效果。

```
爱好: <br>
<input type="checkbox" name="c1" value="C1">上网
<input type="checkbox" name="c1" value="C2">运动
<input type="checkbox" name="c1" value="C3">看书
<input type="checkbox" name="c1" value="C4">看电视
```

图 2-5-3 单选按钮

图 2-5-4 复选框

4．<select>…</select>标记

该标记和<option>…</option>标记组合使用，用于创建下拉列表框。

常用属性如表 2-5-7 所示。

表 2-5-7 下拉列表框的常用属性

属 性	功 能
name	设定下拉列表框的名称
size	设定下拉列表框的选项个数。默认值为 1，如果赋值大于 1 时，以列表形式显示
multiple	设置是否能够多选

<option>标记的常用属性如表 2-5-8 所示。

表 2-5-8　<option>标记的常用属性

属　　性	功　　能
selected	设定选项被选中的默认状态
value	设定选项的值

【例 2-6】　以下代码对应图 2-5-5 所示的效果。

```
<select name="s1">
    <option value="1" selected>说明 1</option>
    <option value="2" >说明 2</option>
    <option value="3" >说明 3</option>
</select>
```

图 2-5-5　下拉列表框

5. <textarea>…</textarea>标记

当需要用户输入比较多的文字时，单行文本框就不能满足需求，需要用到可以输入大量文字的多行文本框，即文本域。

常用属性如表 2-5-9 所示。

表 2-5-9　文本域的常用属性

属　　性	功　　能
name	设定文本域的名称
wrap	设定文本域中的换行模式，属性值：off，不自动换行；virtual，当按下[Enter]键时视为换行；physical，自动换行
cols	设定文本域的行数
rows	设定文本域的列数

【例 2-7】　以下代码对应图 2-5-6 所示的效果。

```
评价: <br>
<input type="radio" name="r2" value="r1">好评
<input type="radio" name="r2" value="r2">中评
<input type="radio" name="r2" value="r3">差评
<br>
<textarea name="t3" cols="25" rows="5"></textarea>
```

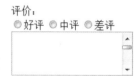

图 2-5-6　文本域控件

项 目 训 练

一、填空题

1. 用 HTML 编写的超文本文档称为 HTML 文档，通常它的扩展名为_____或

_____。

2．HTML 的标记总是放在＿＿＿＿＿＿＿＿＿＿中，它有两种形式：＿＿＿＿＿＿＿＿＿＿和
＿＿＿＿＿＿＿＿＿＿。

3．HTML 文档包含＿＿＿＿＿＿＿＿＿＿和＿＿＿＿＿＿＿＿＿＿两部分，其中＿＿＿＿＿＿＿＿＿＿
部分是显示在浏览器标题栏中的内容，＿＿＿＿＿＿＿＿＿＿部分是显示在浏览器中的内容。

4．<body>标记中常用的属性有＿＿＿＿＿＿＿＿＿＿、＿＿＿＿＿＿＿＿＿＿、＿＿＿＿＿＿＿＿＿＿，
分别用于设定网页的＿＿＿＿＿＿＿＿＿＿、＿＿＿＿＿＿＿＿＿＿和＿＿＿＿＿＿＿＿＿＿。

5．对文字进行修饰时，<b>…</b>标记对之间的内容显示为＿＿＿＿＿＿＿＿＿＿，<i>…</i>标记对之间的内容显示为＿＿＿＿＿＿＿＿＿＿，<u>…</u>标记对之间的内容显示为
＿＿＿＿＿＿＿＿＿＿。

6．在 HTML 文档中插入一些特殊的符号需要特定的字符串表示，空格使用的特定字符串为
＿＿＿＿＿＿＿＿＿＿。

7．通常在网页中插入图像文件的格式可以是：＿＿＿＿＿＿＿＿＿＿、＿＿＿＿＿＿＿＿＿＿和
＿＿＿＿＿＿＿＿＿＿。

8．在创建表格时，可以使用＿＿＿＿＿＿＿＿＿＿属性来实现横向合并和＿＿＿＿＿＿＿＿＿＿
属性来实现纵向合并。

9．在 HTML 代码中，表单对象都添加在＿＿＿＿＿＿＿＿＿＿和＿＿＿＿＿＿＿＿＿＿标记对
之间。

10．表单的作用是收集用户信息，并将其提交到＿＿＿＿＿＿＿＿＿＿，从而实现信息的交互。

二、选择题

1．以下正确的超链接标记是（　　　）。

  A．<a href="">   B．<a src="">

  C．<a href=""> </a>   D．

2．如果想让段落中的文本居中，可以使用的属性值是（　　　）。

  A．<p align="left">   B．<p align="middle">

  C．<p align="right">   D．<p align="center">

3．设置图像的边框为 3，表示正确的是（　　　）。

  A．<img border="3"> </img>   B．<img border="3">

  C．<p border="3"> </p>   D．不能设置

4．设置页面背景颜色的属性是（　　　）。

  A．bgcolor   B．background

  C．forecolor   D．color

5．单元格的标记是（　　　）。

  A．<table> </table>   B．<tr> </tr>

  C．<td> </td>   D．<th> </th>

三、简答题

1．什么是 HTML？

2．页面布局的标记主要有哪些（回答不少于 4 个）？

3．表格标记主要有哪些？

4．超链接标记的常用属性有哪些？

5．写出常用的表单控件名称。

四、操作题

参照任务三的方法制作图 2-6-1 所示的网页 notice.html，网页保存到站点文件夹 E:\exercise 中。

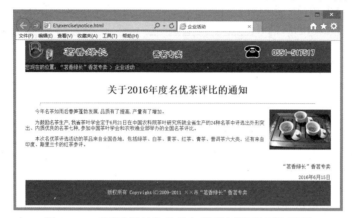

图 2-6-1　"茗香绿长"香茗专卖网站的评比通知网页

项目三
使用表格布局网页

　　表格是一种最基本的网页布局元素，在网页中使用表格进行布局，可以实现页面的精确排版和定位，美化页面，很好地控制页面中的各元素。

　　表格就如同一个容器，可以将网页元素有机地组合在一起，使其合理地分布在各单元格中，构成一个完整的页面。

能力目标

1. 掌握插入表格、表格嵌套的方法。

2. 掌握选择表格，合并及拆分单元格，插入/删除表格行/列的方法。

3. 掌握设置表格、单元格属性的方法。

任务一　使用表格布局制作简单页面

任务导入

本项目要完成如图 3-1-1 所示图文并茂的网页。整个页面色彩鲜艳，层次清晰，网页使用了表格布局，在表格中插入了文本、图像等网页元素。

由于此页面中表格的使用较为复杂，制作中可分步实施，逐项完成。本任务先完成页面中相互独立的区块制作，将其划分成 7 个独立的子表格（见图 3-1-1 中的标号）。在任务二中，再组合这些子表格，完成整个页面。

图 3-1-1　网页示例

任务实施

（1）保存图片素材到站点文件夹 dw_web 中的 images 文件夹中。

（2）运行 Dreamweaver CS6，在"DW 练习"站点中新建一个网页文件，命名为 table01.html。

（3）单击"插入"面板→"常用"选项卡→"表格"按钮　，弹出"表格"对话框。设置 1 行 1 列，"表格宽度"为"1000 像素"，"边框粗细"为"0 像素"，"单元格边距"和"单元格间距"均设为"0 像素"，如图 3-1-2 所示，单击"确定"按钮，则在编辑区插入了一个 1 行 1 列的表格。在"属性"面板中设置表格 ID 为"top"。

（4）将光标定位在单元格中，在"属性"面板中设置单元格高度为"70 像素"。单击"插入"面板→"常用"选项卡→"图像"按钮 ⯐ ，弹出"选择图像源文件"对话框，选择 images 文件夹中的图像 top.jpg（见图 3-1-3），单击"确定"按钮，即可将图像插入到当前单元格中，如图 3-1-4所示。

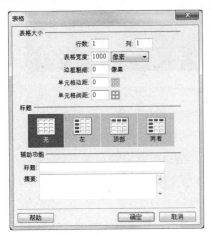

图 3-1-2　"表格"对话框

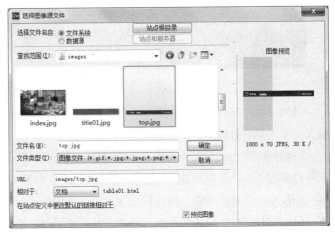

图 3-1-3　"选择图像源文件"对话框

图 3-1-4　"top"表格

（5）在"top"表格下方插入一个 1 行 11 列的表格，宽度为"1000 像素"，边框为"0 像素"，"单元格边距"和"单元格间距"均为"0 像素"。设置表格 ID 为"menu"。

（6）设置"menu"表格中第一列和最后一列的列宽均为"50 像素"，其他列的列宽均为"100像素"。

（7）选中"menu"表格的所有单元格，设置单元格的高度为"40 像素"，水平对齐方式为"居中对齐"，背景颜色为"#333300"。

（8）在第 2～9 列单元格中输入文本，如图 3-1-5 所示。选中所有单元格，在"属性"面板中单击"加粗"按钮 **B**，将所有文本加粗。

| 首页 | 公司介绍 | 行业动态 | 美食展示 | 餐厅环境 | 在线预订 | 加盟连锁 | 招聘信息 | 联系我们 |

图 3-1-5　"menu"表格

（9）在"menu"表格的下方插入一个 1 行 1 列的表格，宽度为"1000 像素"，边框为"0 像素"，"单元格边距"和"单元格间距"均为"0 像素"。设置表格 ID 为"pic"。

（10）将光标定位在单元格中，在"属性"面板中设置水平对齐方式为"居中对齐"，垂直对齐方式为"居中"，高度为"288 像素"。

（11）插入 images 文件夹中的 ct_01.jpg 图像，如图 3-1-6 所示。

（12）在"pic"表格的下方插入一个 2 行 1 列的表格，宽度为"242 像素"，边框为"0 像素"，"单元格边距"和"单元格间距"均为"0 像素"。设置表格 ID 为"nav"。

图 3-1-6 "pic"表格

（13）选中"nav"表格的第一个单元格，设置背景颜色为"#336600"，高度为"30 像素"。并输入文本"栏目导航"。

（14）选中"nav"表格的第二个单元格，设置背景颜色为"#66AA00"，高度为"150 像素"，水平对齐方式为"居中对齐"，垂直对齐方式为"居中"。输入 5 行文本，选中这些文本，单击"属性"面板中的"项目列表"按钮，如图 3-1-7 所示。

（15）以与创建"nav"表格相同的方法，在当前表格的下方插入一个 2 行 1 列的"联系方式"表格。设置表格水平对齐方式为"左对齐"，ID 为"cont"。第一个单元格的背景颜色为"#336600"，高度为"30 像素"。第二个单元格的背景颜色为"#66AA00"，高度为"170 像素"，文本换行按【Shift+Enter】组合键，如图 3-1-8 所示。

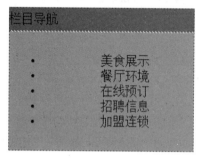

图 3-1-7 "栏目导航"表格　　　　图 3-1-8 "联系方式"表格

（16）在"cont"表格的下方插入一个 2 行 1 列的表格，宽度为"746 像素"，边框为"0 像素"，"单元格边距"和"单元格间距"均为"0 像素"。设置表格 ID 为"gsjj"。

（17）选中第一个单元格，设置背景颜色为"#336600"，高度为"30 像素"。选中第二个单元格，设置背景颜色为"#FFFFFF"，高度为"350 像素"。

（18）输入公司简介文本。定位光标到文本起始处，插入 images 文件夹中的 datang.jpg 图片。右击图片设置其对齐方式，在弹出的快捷菜单中选择"对齐"→"右对齐"命令，效果如图 3-1-9 所示。

（19）在当前表格的下方插入一个 1 行 1 列的表格，宽度为"1000 像素"，边框为"0 像素"，"单元格间距"和"单元格边距"为"0 像素"，高度为"80 像素"，水平对齐方式为"居中对齐"，垂直对齐方式为"居中"。设置表格 ID 为"bottom"。设置单元格背景颜色为"#666600"。输入文本，如图 3-1-10 所示。

（20）保存此文件。浏览页面，效果如图 3-1-11 所示。

您现在的位置：e知味 > 公司介绍

××市"e知味"酒店餐饮连锁公司，融合现代快餐理念，开创了更符合国人膳食结构与饮食习惯的快速餐饮体系。以外卖+快速餐饮的新颖模式，引爆各地巨大市场，相继开发了活力早餐、拉面米线、馄饨水饺、商务简餐、营养套餐、儿童套餐、风味炸烤、美味小食、开胃小菜、甜品饮料等标准化正餐与配餐。在快餐市场拥有了强大的顾客群，成为消费者用餐的最佳选择之一，也成为大型超市及购物中心的最佳配套项目。在品质、服务、清洁、环境等方面与国际标准全面接轨，建立起中式快餐业原料采购、后勤生产、烹制设备、食品加工及餐厅员工操作的五大标准化体系，率先通过ISO9001国际质量管理体系认证，并积极引入全新的CIS系统和连锁管理系统。

总部现有员工700余名，并成立了300余人的专业装潢队伍，拥有12000平米现代化办公场地和二十余亩的工业园区，建立了功能齐全的战略企划中心、人力资源中心、产品研发中心、营运中心、客服中心、技术培训中心、工程设备中心、工程装潢中心、采购中心、调味品生产中心、物流配送中心、售后服务中心、直营店管理中心等13个职能部门。能够与洋快餐相媲美的中国人自己的快速餐饮，目前连锁店已遍布全国各省市、自治区，迅速发展成为中国快速餐饮行业的领导品牌，也成为目前中国发展最快的快速餐饮连锁企业。海纳百川，有容乃大，充分体现了品牌的核心价值，展示了内蕴深厚的中华传统文化特质与思想精髓，具有强烈的时代特征和中国特色，围绕中国源远流长的传统饮食文化，利用快餐连锁这种独特的商业模式，传播现代与传统和谐并存的中国新餐饮文化，也正是产品文化的独特魅力所在，将中华传统美食的精髓与现代工艺技术完美融合，开辟了以中国传统美食为特色的中国快速餐饮新标准。以大型餐饮企业集团为依托，以创新的快餐财富攻略迈入餐饮市场，凭借卓越的品质、良好的服务和优雅的环境，致力于为消费者提供更精致、更健康、更快捷、更符合现代化生活形态的快餐美食，中国快速餐饮事业锐意前行！

图 3-1-9 "公司介绍"表格

[关于我们 | 联系方式 | 加盟连锁 | 信息反馈 | 投诉建议 | 友情链接 |

版权所有 Copyright(C)2009-2011 ××市"e知味"餐饮酒店

图 3-1-10 网页底部表格

图 3-1-11 网页浏览效果

相关知识

1．表格布局

使用表格进行页面布局，能很好地控制文本、图像等网页元素在页面上出现的位置。设计过程中根据不同的内容将整个页面划分为若干个表格，通过设置表格和单元格的属性值，实现对页面元素的准确定位，以达到整齐美观的页面显示效果。

2．表格的相关属性

插入表格后，即可在"属性"面板中设置相关属性，如图 3-1-12 所示。

图 3-1-12　表格"属性"面板

表格属性面板的主要功能有：

（1）表格（ID）：表格在网页中的唯一标识。

（2）行、列：用于设置表格的行数和列数。

（3）宽：用于设置表格的宽度，单位为像素或百分比。

（4）填充：用于设置单元格中的内容与单元格边框之间的距离，如图 3-1-13 所示。

（5）间距：用于设置单元格与单元格之间的距离，如图 3-1-13 所示。

（6）对齐：用于设置表格的对齐方式，主要有左对齐、居中对齐和右对齐，默认值为左对齐。

（7）边框：用于设置表格边框的宽度。

（8）类：表格所使用的 CSS 样式，主要用于设置表格的边框颜色、背景颜色、背景图像、文本属性等。

图 3-1-13　表格的"宽度""填充"与"间距"

若表格中既设置了背景颜色又设置了背景图像时，背景图像将会遮住背景颜色的显示。

3．单元格及其相关属性

单元格是组成表格的最基本单位。单元格"属性"面板如图 3-1-14 所示。

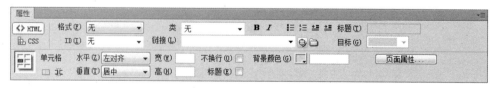

图 3-1-14　单元格"属性"面板

单元格"属性"面板的主要功能有：

（1）格式：用于设置单元格中文本的样式。如标题 1、标题 2……

（2）ID：单元格在网页中的唯一标识。

（3）类：单元格所使用的 CSS 样式，主要用于设置单元格的边框颜色、背景颜色、背景图像、文本属性等。

（4）文本格式：与普通文本格式设置相似，主要有加粗、倾斜、列表、缩进等。

（5）链接：设置单元格中选中文本的超链接目标。

（6）标题：设置单元格中选中文本超链接的提示信息。

（7）目标：设置打开单元格中超链接对象的目标窗口。

（8）水平：用于设置单元格内容的水平对齐方式。包含左对齐、居中对齐和右对齐三种方式。默认值为左对齐。

（9）垂直：用于设置单元格内容的垂直对齐方式。包含顶端、居中、底部、基线四种方式。默认值为居中对齐。

（10）宽、高：用于设置单元格的宽度和高度。

（11）背景颜色：用于设置单元格的背景颜色。

（12）不换行：若勾选此复选框，则单元格中的文本长度超过单元格宽度时，不换行显示。这会使此单元格的宽度自动加宽，通常会导致相邻单元格宽度和表格整体宽度发生变化。

（13）标题：若勾选此复选框，则当前单元格被转换成表格标题单元格（即<td>标记转为<th>标记）。

任务二　使用嵌套表格制作复杂网页

任务导入

根据图 3-2-1 所示的网页整体结构，在任务一中已将网页中各区块的表格制作完成，本任务再用一个表格来完整地规划。插入此表格后，将前面已经制作完成的表格粘贴到相应的单元格即可。

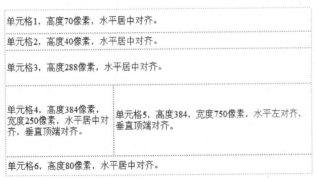

图 3-2-1　网页的整体布局

任务实施

（1）运行 Dreamweaver CS6，在"DW 练习"站点中新建一个空白网页，命名为"gsjj.html"。

（2）单击"属性"面板→"页面属性"按钮，在弹出的"页面属性"对话框中进行如图 3-2-2 所示的设置。

图 3-2-2　"页面属性"对话框

（3）单击"插入"面板→"常用"选项卡→"表格"按钮，弹出"表格"对话框，设置 5 行 2 列，宽度为"1000 像素"，边框为"0 像素"，"单元格间距"和"单元格边距"为"0 像素"，单击"确定"按钮。

（4）选中该表格，在"属性"面板中设置对齐为"居中对齐"。选中所有单元格，设置背景颜色为"#FFCC00"。

（5）选中第一行的两个单元格并右击，在弹出的快捷菜单中选择"表格"→"合并单元格"命令。设置此单元格高度为"70 像素"。

（6）用同样的方法合并第二、三、五行的单元格。并分别设置单元格高度为"30 像素""288 像素""80 像素"。

（7）按照图 3-2-1 所示设置其他各单元格的宽度、高度、对齐方式等属性。

（8）打开在任务一中完成的 table01.html 文件。选中"top"表格，按【Ctrl+C】组合键复制。

（9）切换到 gsjj.html 文件，将光标定位在单元格 1 中，按【Ctrl+V】组合键粘贴。

（10）以同样的方法，将 table01.html 文件中的各个表格复制到 gsjj.html 文件中表格的相应位置。

（11）在"文档工具栏"的"标题"文本框中输入网页标题"公司介绍 — e 知味"。

（12）网页制作完成，保存并浏览。效果如图 3-2-3 所示。

该网页中还有一些区域的显示效果不够理想，这是因为没有为表格元素设置相应的格式，即 CSS 样式。下一项目中将学习如何通过设置 CSS 样式，来美化网页元素。

图 3-2-3　使用嵌套表格布局的网页

相关知识

1. 使用嵌套表格进行页面布局

对于表现形式多样、内容丰富、布局相对复杂的网页，可以使用嵌套表格将页面进行规划布置，使页面内容显示更有层次，也便于页面内容的修饰。

2. 选择表格元素的方法

在使用表格嵌套后，常常不能准确地选择所需的表格、单元格。此时应该认真理解表格的嵌套层次，通过文档编辑区左下方的"标签选择器"进行选择。

任务拓展

站点主页文件 home.html 结构与 gsjj.html 基本相同，主体部分稍复杂一些，其内容如图 3-2-4 所示，使用了表格的多层嵌套。

图 3-2-4 home.html 网页效果

主页制作方法如下：

（1）主体部分的布局规划如图 3-2-5 所示。

单元格4	单元格5
宽度350像素，高度370像素，水平对齐为默认方式，垂直顶端对齐。	宽度650像素，高度370像素，水平对齐为默认方式，垂直顶端对齐。

图 3-2-5 主体部分布局

（2）主体的左侧是在一个单元格中嵌入两个上下布置的表格。右侧是在一个 2 行 2 列的表格（ID 为 "right"）中嵌套 3 个表格，如图 3-2-6 所示。

单元格5-1 宽度350像素，高度232像素， 水平左对齐，垂直顶端对齐。	单元格5-2 宽度300像素，水平左对齐， 垂直顶端对齐。
单元格5-3 高度138像素，宽度650像素，水平对齐为默认方式，垂直居中对齐。	

图 3-2-6   "right"表格的布局

（3）左侧表格主要属性设置如下：

① 餐馆简介：2 行 2 列的表格，表格宽度为"342 像素"，水平居中对齐。表格左列单元格宽度"140 像素"，右列单元格宽度"202 像素"；第一行高度"30 像素"，背景颜色"#336600"；第二行高度"206 像素"。第二行左单元格中插入图像 datang01.jpg 和 datang02.jpg，右单元格中输入相应的文字。

② 行业动态：2 行 2 列的表格，表格宽度为"342 像素"，水平居中对齐。表格左列单元格宽度"140 像素"，右列单元格宽度"202 像素"；第一行高度"30 像素"，背景颜色"#336600"；第二行高度"100 像素"，此行两单元格合并，输入相应的文字。

（4）"right"表格设置为 2 行 2 列。第一行左列宽度"350 像素"，高度"232 像素"，左对齐；右列宽度"300 像素"。第二行单元格合并，高度为"138 像素"，如图 3-2-6 所示。

① 今日推介：2 行 2 列的表格，表格宽度为"346 像素"。表格左列宽度"40%"，右列宽度"60%"；第一行高度"30 像素"，背景颜色"#336600"；第二行高度"202 像素"。第二行左单元格中插入图像 c05.jpg 和 c10.jpg，图像大小均调整为 114 像素×85 像素，右单元格中输入相应的文字。

② 餐馆环境：2 行 2 列的表格，表格宽度为"296 像素"。表格左列宽度"120 像素"，右列宽度"176 像素"；第一行高度"30 像素"，背景颜色"#336600"；第二行高度"202 像素"，此行两单元格合并，并在单元格中插入图片 ct_s1.jpg。

③ 美食展示：1 行 4 列的表格，表格宽度"646 像素"，各单元格平均分布，单元格高度为"130 像素"。依次插入图像 c01.jpg、c02.jpg、c03.jpg 和 c04.jpg，在"属性"面板中为各图像设置统一的"替换"文本——"美食展示"，如图 3-2-7 所示。

图 3-2-7   为图像设置"替换"文本——"美食展示"

项 目 训 练

一、填空题

1. ＿＿＿＿＿＿＿＿＿＿＿是组成表格的最基本单位。

2. 单元格之间的间隔称为＿＿＿＿＿＿＿＿＿，单元格中的内容与单元格边框之间的间隔称为＿＿＿＿＿＿＿＿＿。

3. 删除表格的方法是：先选中表格，再按＿＿＿＿＿＿＿＿＿键。

4. 选中单元格后，"属性"面板左下方的 按钮表示＿＿＿＿＿＿＿＿＿按钮， 按钮表示＿＿＿＿＿＿＿＿＿按钮。

5. 默认情况下，新插入的行在选定行的＿＿＿＿＿＿＿＿＿，新插入的列在选定列的＿＿＿＿＿＿＿＿＿。若想新插入的行在下方，新插入的列在右侧，应选择＿＿＿＿＿＿＿＿＿命令。

二、简答题

1. 使用表格布局有什么优点？

2. 插入表格有几种方法？

3. 选中一个表格有哪些方法？

三、操作题

自行规划设计如图 3-3-1 和图 3-3-2 所示的网页。网页分别以 e_gsjj.html 和 e_home.html 为文件名保存到练习文件夹 exercise 中，所用的图片在教材的"素材"文件夹下的 exercise/images 中。（注：由于网页中没有使用样式规则，浏览效果不如图示美观。在后面的学习中将使用 CSS 样式来美化此网页。）

图 3-3-1 "茗香绿长"香茗专卖网页（一）

图 3-3-2 "茗香绿长"香茗专卖网页（二）

项目四
使用 CSS 控制网页元素

　　CSS（Cascading Style Sheet，层叠样式表）可以对文本、段落、表格、图像、Div 等页面对象的颜色、背景等属性实现更加精确的样式控制。

　　采用 CSS 样式表可以将网页内容与样式信息进行分离，便于编辑修改。CSS 决定网页内容如何显示，也就是说，如果要对网页中的某些格式（规则）进行修改，只需要修改 CSS 规则，就可以将站点的一个或多个网页中使用相同样式的内容进行修改，省时高效。

能力目标

1. 掌握利用样式面板创建及编辑 CSS 规则的方法。
2. 使用 CSS 美化文本、段落、页面、表格的布局。
3. 使用 CSS 美化超链接的显示格式。

任务一 使用CSS控制页面、段落、文本的布局

任务导入

在之前学习制作网页中，通过"属性"面板和右键快捷菜单为页面中的部分文本、单元格、图像等元素设置了字体加粗、背景颜色、对齐方式等属性值。这时已经在不知不觉中使用了 CSS 规则，这使网页在浏览时达到较为美观的视觉效果。

本任务中要对 gsjj.html 网页的页面、段落、文本等元素进行 CSS 样式设置。具体要求如下：

- 设置网页的页边距、背景图像；
- 正文部分的字体为"宋体"、大小为"12 像素"，行高为"1.5 倍"；
- 导航菜单及各板块标题中的文本字体为"宋体"、大小为"12 像素"，颜色为"白色"；
- 网页中"栏目导航"列表，设置缩进，使用图像文件 dot.gif 作为项目符号，并对边界、填充等属性进行适当调整。

任务实施

1. 设置页面样式

（1）打开站点"DW 练习"中的 gsjj.html 文件。

（2）单击"CSS 样式"面板→"全部"按钮，显示出此网页文件中已经包含的 CSS 样式（如 body 样式）。由于之前在制作网页时设置过一些网页格式，这些格式由 Dreamweaver 自动生成了 CSS 规则。

（3）单击"属性"面板中的"页面属性"按钮 $\boxed{\text{页面属性…}}$，弹出"页面属性"对话框。"页面字体""大小""背景图像"等属性值的设置如图 4-1-1 所示。

图 4-1-1 "页面属性"对话框

> **注**
>
> 　　如果"页面字体"下拉列表中没有列出"宋体"，可在下拉列表中选择"编辑字体列表"选项，弹出"编辑字体列表"对话框，如图 4-1-2 所示。在"可用字体"列表框中选择"宋体"，再依次单击"_《"按钮→"确定"按钮，即可添加"宋体"到"页面字体"下拉列表中。其他字体的添加与此相同。

图 4-1-2　"编辑字体列表"对话框

　　网页中一般使用 Windows 系统自带的常用字体，如宋体、楷体、黑体、仿宋体、隶书等。不常用字体不要在网页中使用，以免造成客户端在浏览时字体显示混乱。

　　（4）单击"确定"按钮，这样就建立了新的 CSS 规则。网页中显示了背景图像，且文字显示为"宋体、12 像素"，页面的四个边距均为"2 像素"。

　　此时"CSS 面板"中自动更新了两个样式"body,td,th"和"body"样式。

2. 设置段落样式

　　（1）单击"CSS 样式"面板→"新建 CSS 规则"按钮■，弹出"新建 CSS 规则"对话框。

　　在"选择器类型"下拉列表中选择"标签（重新定义 HTML 元素）"选项，在"选择器名称"的下拉列表中选择（或输入）"p"，在"规则定义"下拉列表中选择"（新建样式表文件）"选项，如图 4-1-3 所示，单击"确定"按钮。

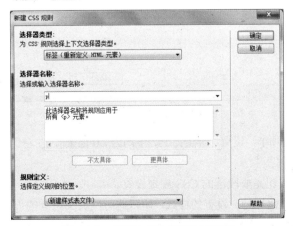

图 4-1-3　"新建 CSS 规则"对话框

（2）弹出"将样式表文件另存为"对话框，表示要建立外部样式表文件。保存到当前站点的
css 文件夹中，命名为"text01.css"，如图 4-1-4 所示，单击"保存"按钮。

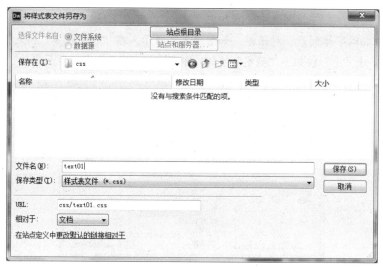

图 4-1-4　"将样式表文件另存为"对话框

（3）弹出"p 的 CSS 规则定义（在 text01.css 中）"对话框。选择"类型"选项卡，设置 Font-
family（字体）为"宋体"，Font-size（大小）为"12 像素"，Line-height（行高）为"1.5 倍行高"，
如图 4-1-5 所示。

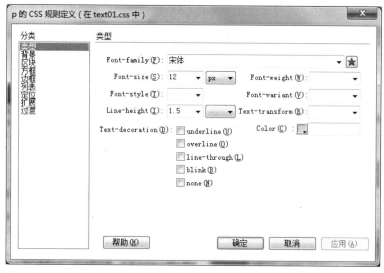

图 4-1-5　设置"类型"参数

（4）选择"方框"选项卡，设置边界值：上、下均为"0 像素"，左右均为"8 像素"，如图 4-1-6
所示。

（5）单击"确定"按钮完成段落的 CSS 规则设置。

由于是对 p 标签（段落标记）设置的样式，所以此时网页中所有的<p>元素都会使用这个样式
表的参数设置。

图 4-1-6 设置"方框"参数

（6）按【F12】键浏览网页。此时弹出一个提示对话框，提示 CSS 样式表文件是否要保存，如图 4-1-7 所示。单击"是"按钮，保存 text01.css 样式表文件，并进行浏览。

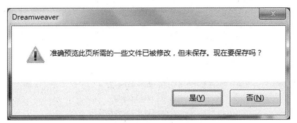

图 4-1-7 保存样式表文件提示对话框

3. 设置文本样式

（1）打开"CSS 样式"面板，右击刚才新建的样式表文件"text01.css"，在弹出的快捷菜单中选择"新建"命令，弹出"新建 CSS 规则"对话框。设置"选择器类型"为"类（可应用于任何 HTML 元素）"选项，在"选择器名称"文本框中输入".menu"，单击"确定"按钮。

（2）在".menu 的 CSS 规则定义（在 text01.css 中）"对话框中选择"类型"选项卡，设置 Font-weight（字体粗细）为"bold（粗体）"，Color（颜色）为"#FFFFFF"（白色），如图 4-1-8 所示。

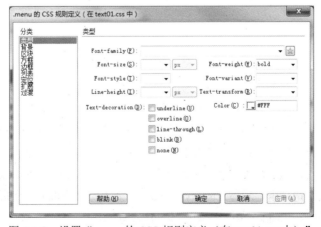

图 4-1-8 设置".menu 的 CSS 规则定义（在 text01.css 中）"

（3）通过"标签选择器"选中导航菜单所在的表格<table#menu>标记，在"属性"面板中设置"类"为"menu"，如图 4-1-9 所示。

图 4-1-9 应用".menu"样式

（4）用同样的方法，在样式表文件"text01.css"中再建立一个".bottom"样式。

（5）新建".bottom"类。设置 CSS 规则的各属性值分别为：字体为"宋体"，字号为"12 像素"，行高为"1.5 倍行高"，颜色为"#FFFFFF"，如图 4-1-10 所示。

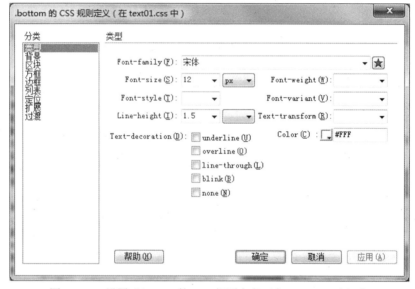

图 4-1-10 设置".bottom 的 CSS 规则定义（在 text01.css 中）"

（6）通过"标签选择器"选中网页底部的表格<table#bottom>标记，将其"类"设置成"bottom"。

4．设置列表的 CSS 规则

（1）单击"CSS 样式"面板→"新建 CSS 规则"按钮，在弹出的"新建 CSS 规则"对话框中，设置"选择器类型"为"类（可用于任何 HTML 元素）"选项，在"选择器名称"文本框中输入".list"，在"规则定义"下拉列表中选择"（仅限该文档）"选项，单击"确定"按钮。

（2）在".list 的 CSS 规则定义"对话框中选择"类型"选项卡，设置 Font-size（字体大小）为"12 像素"，Line-height（行高）为"2 倍行高"。

（3）选择"区块"选项卡，设置 Text-indent（文字缩进）为"30 pixels（像素）"。

（4）选择"列表"选项卡，设置 List-style-image（列表符号图像）为"images/dot.gif"，List-style-position（位置）为"inside（内）"，如图 4-1-11 所示。

（5）单击"确定"按钮完成设置。

图 4-1-11 设置列表的样式

（6）通过"标签选择器"选中网页中"栏目导航"下方的列表<ul>标记，在"属性"面板中设置其"类"为"list"。

列表的 CSS 规则应用前后效果明显不同，如图 4-1-12 所示。

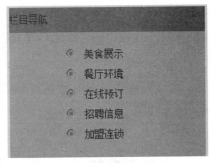

图 4-1-12 应用列表 CSS 规则前后效果比较

 相关知识

1. 什么是 CSS

CSS 是一组格式设置规则，用于控制 Web 页面的外观。通过使用 CSS 规则设置页面的格式，可将页面的内容与表现形式分离。页面内容存放在 HTML 文档中，而用于定义表现形式的 CSS 规则则存放在另一个文件中或当前网页文档的某一部分（通常为文件头部）。

例如，在一个网页或整个网站中，凡是段落中的文字都使用"12 像素、宋体"，则可以通过 CSS 层叠样式表统一实现，使网页中各段落标记中的文本保持同样的风格。可使用如下设置：

```
.p {
    font-family: 宋体;
    font-size: 12px;
}
```

所以，如果要更换网页中的某种格式，只需修改 CSS 样式表即可。这样就为网页和站点的维护节省了大量时间。

2. CSS 分类

通常使用两种方法将指定的 CSS 规则加载到网页元素上：嵌入式样式表和外部样式表。

（1）嵌入式样式表。如果 CSS 规则只在当前网页中使用，可以使用嵌入式样式表。嵌入式样式表一般放在网页头部的<style>…</style>标记对之间。例如：

```
<style type="text/css">
.p {
    font-family: 宋体;
    font-size: 12px;
}
</style>
```

（2）外部样式表。如果 CSS 规则要在多个网页中使用，可以使用外部样式表。外部样式表是以.css 为扩展名的外部文件。网页要使用外部样式表来统一风格时，只需在<head>标记对中用<link>标记将外部样式表链接起来即可。例如，在当前网页中使用外部样式表 mycss.css 的代码如下：

```
<link href="mycss.css" rel="stylesheet" type="text/css" />
```

3. CSS 规则对话框

单击"CSS 样式"面板中的"新建 CSS 规则"按钮 ，弹出"新建 CSS 规则"对话框，如图 4-1-13 所示。

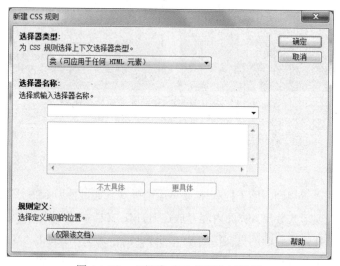

图 4-1-13　"新建 CSS 规则"对话框

选择器类型的含义如下：

类（可应用于任何 HTML 元素）：可以在网页中的任何元素中应用该规则。

ID（仅应用于一个 HTML 元素）：仅对某一网页元素（事先设置了 ID 参数）应用规则。

标签（重新定义 HTML 元素）：重新定义 HTML 标记（如段落标记 p、单元格标记 td 等）的默认样式。

复合内容（基于选择的内容）：根据网页中选择的内容，确定 CSS 规则的应用范围。

单击"确定"按钮，进入"CSS 规则定义"对话框，各选项卡的含义如下：

（1）"类型"选项卡。用于设置 CSS 规则的文本格式的属性。

字体（Font-family）：可以选择相应的字体。

大小（Font-size）：即字号大小，可以直接输入数字，然后选择单位。

粗细（Font-weight）：设置文本的粗细。

样式（Font-style）：设置文字的外观，属性值有正常（normal）、斜体（italic）、偏斜体（oblique）。

变体（Font-variant）：适用于英文字母。属性值有正常（normal）、小型大写字母（small-caps）。

行高（Line-height）：设置行高，可以选择"正常"（normal），让计算机自动调整行高，也可以使用数值和单位结合的形式自行设置行高。

大小写（Font-transform）：适用于英文字母。属性值有首字母大写（capitalize）、大写字母（uppercase）、小写字母（lowercase）、无（none）。

文本修饰（Text-decoration）：设置文本修饰。属性值有下画线（underline）、上画线（overline）、删除线（line-through）、闪烁（blink）、无（none）。

颜色（Color）：设置文字的色彩。

> **注**
>
> 行高的数值是包括字号大小在内的。如文本字号大小设置为 12 px 时，要创建一倍行间距，则行高应设为 24 px。

（2）"背景"选项卡。用于设置网页元素的背景属性。

背景颜色（Background-color）：选择固定颜色作为背景。

背景图像（Background-image）：选择图像作为背景。

重复（Background-repeat）：在使用图像作为背景时，可以设置背景图像的重复方式。属性值有不重复（no-repeat）、重复（repeat）、水平方向重复（repeat-x）、垂直方向重复（repeat-y）。

附件（Background-attachment）：选择图像作为背景的时候，可以设置图像是否跟随网页一同滚动。属性值有固定（fixed）、滚动（scroll）。

水平位置（Background-position(x)）：设置图像水平方向的位置。属性值有左（left）、中央（center）、右（right）、值（输入具体的像素值）。

垂直位置（Background-position(y)）：设置图像垂直方向的位置。属性值有顶端（top）、居中（middle）、底端（bottom）、值（输入具体的像素值）。

（3）"区块"选项卡。用于设置网页元素的区块属性。

单词间距（Word-spacing）：英文单词之间的距离，一般使用默认设置。

字母间距（Letter-spacing）：设置英文字母间距，使用正值为增加字母间距，使用负值为减小字母间距。

垂直对齐（Vertical-align）：设置元素的垂直对齐方式。属性值有基线对齐（baseline）、下标（sub）、上标（super）、顶端对齐（top）、与字符顶端对齐（text-top）、居中（middle）、底端对齐（bottom）、与字符底端对齐（text-bottom）、值（输入具体的像素值）。

文本对齐（Text-align）：设置元素的水平对齐方式。属性值有左对齐（left）、右对齐（right）、中央（center）、两端对齐（justify）。

文字缩进（Text-indent）：设置首行缩进的量。

空格（White-space）：属性值有正常（normal）、保留（pre）、不换行（nowrap）。

显示（Display）：用于定义建立布局时元素生成的显示框类型。属性值及其含义如表 4-1-1 所示。

表4-1-1　显示（Display）的属性值及其含义

值	含义
none	此元素不会被显示
block	此元素将显示为块级元素，此元素前后会带有换行符
inline	默认值。此元素会被显示为内联元素，元素前后没有换行符
inline-block	行内块元素。（CSS2.1 新增的值）
list-item	此元素会作为列表显示
run-in	此元素会根据上下文作为块级元素或内联元素显示
compact	由于缺乏广泛支持，已经从 CSS2.1 中删除
marker	由于缺乏广泛支持，已经从 CSS2.1 中删除
table	此元素会作为块级表格来显示（类似<table>），表格前后带有换行符
inline-table	此元素会作为内联表格来显示（类似<table>），表格前后没有换行符
table-row-group	此元素会作为一个或多个行的分组来显示（类似<tbody>）
table-header-group	此元素会作为一个或多个行的分组来显示（类似<thead>）
table-footer-group	此元素会作为一个或多个行的分组来显示（类似<tfoot>）
table-row	此元素会作为一个表格行显示（类似<tr>）
table-column-group	此元素会作为一个或多个列的分组来显示（类似<colgroup>）
table-column	此元素会作为一个单元格列显示（类似<col>）
table-cell	此元素会作为一个表格单元格显示（类似<td>和<th>）
table-caption	此元素会作为一个表格标题显示（类似<caption>）
inherit	规定应该从父元素继承 display 属性的值

（4）"方框"选项卡。用于设置网页元素的方框属性。

宽（Width）：设置元素的宽度。

高（Height）：设置元素的高度。

浮动（Float）：设置元素的浮动（环绕）效果。属性值有左（left）、右（right）、无（none）。

清除（Clear）：设置元素的哪一边不允许出现浮动元素。属性值有左（left）、右（right）、两者（both）、无（none）。

填充（Padding）：指方框和其中内容之间的空白区域。可设置顶部（Top）、底部（Bottom）、左侧（Left）、右侧（Right）四个方向的值。

边界（Margin）：指方框外侧的空白区域。可设置顶部（Top）、底部（Bottom）、左侧（Left）、右侧（Right）四个方向的值。

（5）"边框"选项卡。可以给网页中的元素添加边框，设置边框的颜色、粗细、样式。可设置顶部（Top）、底部（Bottom）、左侧（Left）、右侧（Right）四个方向的值。

样式（Style）：设置上下左右 4 个方向边框的样式。

宽度（Width）：设置上下左右 4 个方向边框的宽度。

颜色（Color）：设置上下左右 4 个方向边框对应的颜色。

（6）"列表"选项卡。用于设置网页中列表的格式属性。

类型（List-style-type）：设置引导列表项目的符号类型。

项目符号图像（List-style-image）：选择图像作为项目的引导符号。

位置（List-style-position）：决定列表项目的缩进程度。

（7）"定位"选项卡：

位置（Position）：设定元素的定位类型。属性值有绝对（absolute）、固定（fixed）、相对（relative）、静态（static）。

显示（Visibility）：规定元素是否可见。即使不可见，元素也会占据页面上的空间。属性值有继承（inherit）、可见（visible）、隐藏（hidden）。

宽（Width）：设置元素的宽。

高（Height）：设置元素的高。

Z 轴（Z-index）：设置元素的层叠次序。属性值有自动（auto）、值（输入具体的像素值）。

溢出（Overflow）：当内容溢出元素框时，如何处理。属性值有可见（visible）、隐藏（hidden）、滚动（scroll）、自动（auto）。

定位（Placement）：设定元素在网页中的位置。可设置顶部（Top）、底部（Bottom）、左侧（Left）、右侧（Right）四个方向的值。

剪辑（Clip）：裁剪网页的元素。与 Position 属性配合使用，即 Position 属性值为"absolute"时，此属性方才有效。裁剪项有顶部（Top）、底部（Bottom）、左侧（Left）、右侧（Right）。

（8）"扩展"选项卡。利用 CSS 规则实现一些扩展功能。

分页是为网页添加分页符号。主要设置有：

分页之前（Page-break-before）：自动（auto）、总是（always）、左对齐（left）、右对齐（right）。

分页之后（Page-break-after）：自动（auto）、总是（always）、左对齐（left）、右对齐（right）。

视觉效果通过以下两项设置：

光标（Cursor）：改变鼠标形状。

过滤器（Filter）：使用 CSS 语言实现过滤器（滤镜）效果。

（9）"过渡"选项卡。通过"窗口"菜单→"CSS 过渡效果"命令创建网页元素的动画过渡效果。将效果应用到 CSS 规则中之后，即可编辑其中的参数。

任务拓展

（1）在 gsjj.html 中新建一个 CSS 规则，命名为 ".table_head"，规则参数如表 4-1-2 所示。

表 4-1-2 ".table_head" 的 CSS 规则参数

选 项	属 性
类型	粗细为"粗体"，颜色为"#FFFFFF"，行高为"1 倍行高"
方框	填充的顶部、底部、右侧均为 0 像素，左侧为 8 像素；边界全部为 0 像素
列表	项目符号图像为"images/dot1.gif"，位置为"内（inside）"

（2）分别将此网页中"栏目导航""联系方式""您现在的位置：e 知味 > 公司介绍"三个单元格中的文本设置成列表。将".table_head"样式分别应用于这三个单元格的列表标记<ul>。

通过设置 CSS 规则，gsjj.html 页面得到了美化，效果如图 4-1-14 所示。

图 4-1-14 应用样式的网页效果

任务二 使用 CSS 美化表格元素

任务导入

为表格元素设置 CSS 规则的方法与任务一所介绍的方法类似，关键是要用好"CSS 规则定义"对话框。

本任务使用 CSS 规则对 home.html 网页中的表格及其中的内容进行美化。

任务实施

（1）打开站点"DW 练习"中的 home.html 和 gsjj.html 两个网页文件。

（2）在 gsjj.html 的"CSS 样式"面板中右击".list"样式，在弹出的快捷菜单中选择"拷贝"命令。

（3）选择 home.html 文件，右击其"CSS 样式"面板中的空白位置，在弹出的快捷菜单中选择"粘贴"命令。将 gsjj.html 网页的".list"样式复制到 home.html 网页中。

（4）双击 home.html 的"CSS 样式"面板中的".list"样式名，弹出".list 的 CSS 规则定义"对话框，修改"行高（Line-height）"属性值为"1.5 倍行高"；删除文字缩进（Text-indent）的值；修改"填充（Padding）"中的"左"属性值为"8 像素"，其他各方向值均为"0 像素"；修改"边界（Margin）"中的各边界值均为"0 像素"。

（5）将此样式应用于网页中的"行业动态"区域的列表<ul>标记（有 5 个列表项）。

（6）调用外部样式表。方法如下：

在 home.html 的"CSS 样式"面板中的空白处右击，在弹出的快捷菜单中选择"附加样式表"命令，弹出"链接外部样式表"对话框，定位到任务一中所建立的"text01.css"样式表文件，单击"确定"按钮，将其链接到当前网页文件中，如图 4-2-1 所示。

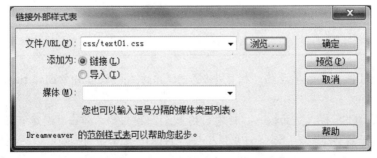

图 4-2-1 "链接外部样式表"对话框

（7）"p 的 CSS 规则"自动应用于当前网页的所有<p>元素中。".menu 的 CSS 规则"应用于网页上方的导航栏表格<table#menu>，将".bottom 的 CSS 规则"应用于网页底部的表格<table#bottom>。

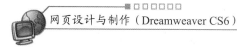

（8）再建立一些 CSS 规则用于网页中的其他元素，样式规则如表 4-2-1 所示。

表 4-2-1 home.html 中其他样式的属性值

类（样式）	选项卡	属性
body	类型	字体为"宋体"，大小为"12 像素"，行高为"1.5 倍行高"
	背景	背景图像为"images/bg.jpg"
	方框	边界为"全部相同（2 像素）"
.table_title	类型	粗细为"粗体"，颜色为"#FFFFFF"
	方框	填充（Padding）：左为"8 像素"，其他方向为"0 像素"
.img_style1	边框	类型为"全部相同（实线）"，宽度为"全部相同（4 像素）"，颜色为"全部相同（#CCCCCC）"

（9）将".table_title"样式应用于"餐馆简介""今日推介""餐馆环境""行业动态"以及各个"更多…"单元格。

（10）将".img_style1"样式应用于右下方的各个图像<img>标记上，效果如图 4-2-2 所示。

图 4-2-2　home.html 的浏览效果

任务拓展

给 gsjj.html 网页中的单元格"栏目导航""联系方式"设置背景图像 title01.jpg。方法如下：

（1）单击"CSS 样式"面板→"新建 CSS 规则"按钮，弹出"新建 CSS 规则"对话框，设置"选择器类型"为"类（可应用于任何 HTML 元素）"选项；在"选择器名称"文本框中输入".td_bg"；在"规则定义"下拉列表中选择"（仅限该文档）"选项，单击"确定"按钮。

（2）选择"类型"选项卡，设置背景图像为"images/title01.jpg"，单击"确定"按钮。

（3）将".td_bg"样式应用于"栏目导航""联系方式"所在的单元格<td>标记。

任务三　使用CSS设置超链接的样式

任务导入

本任务要为 gsjj.html 网页的导航菜单及各板块之间建立超链接，并为超链接设置美观的 CSS 规则，存储为外部样式表，不仅可将样式应用于当前网页，也可供其他网页调用。

任务实施

1. 为导航菜单建立完整的超链接

站点"DW 练习"中 home.html 文件的导航菜单中，每一个项目都对应着一个网页，虽然目前还没有创建这些网页，为了学习的方便，先在此为这些项目创建超链接，如表 4-3-1 所示。为之后的学习任务做好准备。

表 4-3-1　导航菜单各项目的超链接设置

栏　　目	超链接目标	栏　　目	超链接目标
网站首页	home.html	在线预订	zxyd.html
公司介绍	gsjj.html	加盟连锁	jmls.html
行业动态	news.html	招聘信息	zpxx.html
美食展示	mszs.html	联系我们	lxwm.html
餐厅环境	cthj.html		

建立超链接的方法，以导航菜单中的"首页"项目为例：

（1）选中"首页"这两个字。

（2）在"属性"面板的"链接"下拉列表中选择 home.html 文件即可，如图 4-3-1 所示。

图 4-3-1　设置"首页"超链接

使用同样的方法，按照表 4-3-1 所示，为导航菜单中的其他项建立超链接。

2. 建立超链接四种状态的 CSS 规则

（1）单击"CSS 样式"面板→"新建 CSS 规则"按钮，弹出"新建 CSS 规则"对话框，在"选择器类型"下拉列表中选择"复合内容（基于选择的内容）"选项，在"选择器名称"下拉列表中选择"a:link"选项，在"规则定义"下拉列表中选择"（新建样式表文件）"选项，单击"确定"按钮。

（2）弹出"将样式表文件另存为"对话框，输入样式表文件名为"a_css.css"，保存到站点文件夹中的 css 文件夹，如图 4-3-2 所示。单击"保存"按钮。

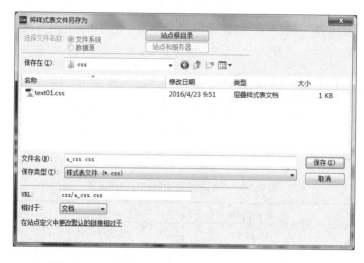

图 4-3-2 "将样式表文件另存为"对话框

（3）在弹出的"a:link 的 CSS 规则定义（在 a_css.css 中）"对话框中，选择"类型"选项卡，设置字体为"宋体"，大小为"12 像素"，字体粗细为"粗体（bold）"，颜色为"#FFFF00"，修饰为"无（none）"，如图 4-3-3 所示。

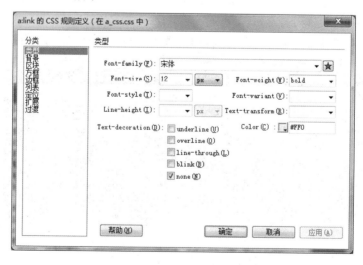

图 4-3-3 "a:link 的 CSS 规则定义（在 a_css.css 中）"对话框

（4）在 a_css. css 样式表文件中以同样的方法建立 "a:visited" 样式。属性值设置与 "a:link" 样式相同。

（5）再建立 "a:hover" 样式。设置颜色为 "#FFFFFF"，其他属性值与 "a:link" 样式相同。

（6）再建立 "a:active" 样式。设置颜色为 "#66FF66"，其他属性值与 "a:link" 样式相同。

（7）按【F12】键浏览网页。Dreamweaver 会弹出一个提示对话框，提示 CSS 样式表文件是否要保存，单击 "是" 按钮，保存 a_css.css 样式表文件，并进行浏览。

（8）鼠标操作超链接时，观察文字是否按照预先设置的样式产生变化。

3．为网页中的新闻标题设置不同的超链接样式

在 home.html 文件中，网页的左下方 "行业动态" 中有 5 行新闻标题，现在为这些新闻标题设置超链接目标为 "article/notice.html"。

设置超链接后会发现这些文字的黄颜色与背景的白色都是亮色调，看不清文字。为了解决这个问题，可以将这部分超链接使用不同的样式。

（1）将光标定位在新闻标题行中。单击 "CSS 样式" 面板→"新建 CSS 规则" 按钮，弹出 "新建 CSS 规则" 对话框。在 "选择器类型" 下拉列表中选择 "复合内容（基于选择的内容）" 选项，在 "选择器名称" 文本框中输入 ".list a:link"，在 "规则定义" 下拉列表中选择 "（仅限该文档）" 选项，如图 4-3-4 所示。单击 "确定" 按钮。

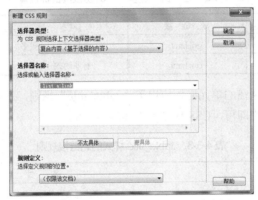

图 4-3-4　新建 ".list a:link" CSS 规则

（2）在弹出的 ".list a:link 的 CSS 规则定义（在 a_css.css 中）" 对话框中，选择 "类型" 选项卡，字体粗细为 "正常（normal）"，颜色为 "#000066"，修饰为 "无（none）"，如图 4-3-5 所示。

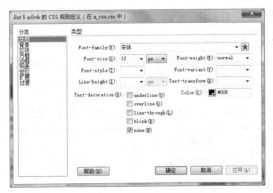

图 4-3-5　".list a:link" 的 CSS 规则定义

注

　　由于新闻标题使用了".list"样式，在建立新的超链接样式时，就用".list a:link"作样式名，表示此超链接样式只对使用".list"样式的对象有效。

　　（3）采用同样的方法建立".list a:visited"样式，选择"类型"选项卡，设置字体粗细为"正常（normal）"，颜色为"#000066"，修饰为"无（none）"。

　　（4）采用同样的方法建立".list a:hover"样式，选择"类型"选项卡，设置字体粗细为"粗体（bold）"，颜色为"#0000CC"，修饰为"无（none）"。

　　（5）采用同样的方法建立".list a:active"样式，选择"类型"选项卡，设置字体粗细为"粗体（bold）"，颜色为"#000000"，修饰为"无（none）"。

　　（6）浏览网页，此时的文本显示就很清晰了。

4．为 home.html 网页中的"更多…"设置超链接

　　（1）按照表 4-3-2 所示，为 home.html 网页中各栏目的"更多…"设置超链接。

表 4-3-2　各栏目"更多…"的超链接目标设置

栏　目	超　链　接	栏　目	超　链　接
餐馆简介——更多	gsjj.html	今日推介——更多	jrtj.html
餐馆环境——更多	cthj.html	行业动态——更多	news.html

　　（2）由于"更多…"所在的单元格均应用了".table_title"规则，所以只要在".table_title"规则的基础上建立超链接规则即可。CSS 规则如表 4-3-3 所示。

表 4-3-3　.table_title 样式的超链接规则

类（样式）	属　性
.table_title a:link	字体颜色为白色（#FFFFFF）
.table_title a:visited	字体颜色为白色（#FFFFFF）
.table_title a:hover	字体颜色为黄色（#FFFF00）
.table_title a:active	字体颜色为黄色（#FFFF00）

5．为网页底部的超链接设置 CSS 规则

　　设置网页底部"bottom"超链接的 link 和 visited 状态的字体颜色为"#FFFFFF"，hover 状态的字体颜色为"#FFFF00"，active 状态字体颜色为"#CCCCCC"，其他属性为默认值。

　　（1）按照表 4-3-4 所示，为"bottom"中的各项目建立超链接。

表 4-3-4　"bottom"各项目的超链接目标设置

栏　目	超　链　接	栏　目	超　链　接
关于我们	aboutus.html	信息反馈	xxfk.html
联系方式	lxfs.html	投诉建议	tsjy.html
加盟连锁	jmls.html	厨艺交流	cyjl.html

（2）保持光标在这一行（刚建立超链接的那一行），单击"CSS 样式"面板→"新建 CSS 规则"按钮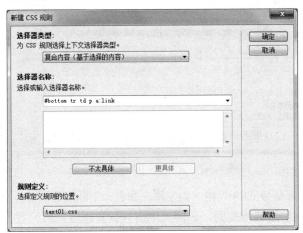，弹出"新建 CSS 规则"对话框。在"选择器类型"下拉列表中选择"复合内容（基于选择的内容）"选项，输入"选择器名称"为"#bottom tr td p a:link"，在"规则定义"下拉列表中选择"'bottom'规则所在的文件（text01.css）"，如图 4-3-6 所示，单击"确定"按钮。

图 4-3-6　建立#bottom tr td p a:link 规则

（3）在"类型"选项卡中设置颜色为"#FFFFFF"，单击"确定"按钮。

（4）同样的方法建立#bottom tr td p a:visited 规则，设置字体颜色为"#FFFFFF"；#bottom tr td p a:hover 规则，设置字体颜色为"#FFFF00"；#bottom tr td p a:active 规则，设置字体颜色为"#CCCCCC"。

由于这套超链接规则保存在 text01.css 文件中，所以所有引用了该样式表文件的网页都会自动应用此规则。

（5）保存并浏览网页。

相关知识

1. 利用 CSS 设置超链接的四种状态

超链接有 4 种显示状态，含义如下：

a:link——超链接默认状态；

a:visited——已访问过的超链接状态；

a:hover——鼠标指向时的超链接状态；

a:active——鼠标正在单击时的超链接状态。

> **注**
>
> 建立超链接的 CSS 规则时，要按以上排列的顺序来建立，顺序错乱了会达不到所需的效果。

在"新建 CSS 规则"对话框中，设置选择器类型为"复合内容（基于选择的内容）"，则在选择器名称下拉列表中可以看到这四种超链接样式名，如图 4-3-7 所示。

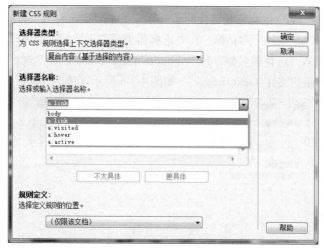

图 4-3-7　超链接的四种 CSS 规则

　　设置每种状态下的超链接 CSS 规则（如字体、颜色、下画线等属性），可以使网页更加美观。只要设置了这四种状态的超链接规则，该网页中所有设置超链接的位置方都会自动使用这些规则。

2. 将网页中不同位置的超链接设置成不同的样式

　　如果网页不同区块的超链接样式要求不同，则可以在"新建 CSS 规则"对话框中给超链接规则名称前加上该区块元素的 ID 或者类名，即可设置出这些区块或某些标记的专有超链接样式。

ⓘ 任务拓展

　　1. 链接外部样式表

　　将 home.html 网页中的 CSS 样式表复制到 gsjj.html 网页，可减少重复工作。

　　（1）打开 gsjj.html 网页文件，按照表 4-3-1 为导航菜单设置超链接。

　　（2）在 gsjj.html 的"CSS 样式"面板空白处右击，在弹出的快捷菜单中选择"附加样式表"命令，弹出"链接外部样式表"对话框，定位到任务三中所建立的"a_css.css"样式表文件，单击"确定"按钮，将其链接到当前网页文件中。

　　可以看到网页上方导航菜单的超链接 CSS 规则已与 homc.html 一致了。

　　同时，原先就已经存在的 text01.css 样式表中有了更新。新内容是在设置 home.html 文件的超链接样式时增加的。text01.css 样式表可在多个网页中共用。

　　2. 设置左侧列表导航的 CSS 规则

　　超链接的 link 和 visited 状态字体颜色为"黄色（#FFFF00）"；hover 状态字体颜色为"黑色（#000000）"，背景颜色为"黄色（#FFFF00）"；active 状态字体颜色为"黑色（#000000）"，背景颜色为"白色（#FFFFFF）"。

　　（1）按照表 4-3-4 所示，为"bottom"各项目建立超链接。

　　（2）选中列表中的一行。单击"CSS 样式"面板→"新建 CSS 规则"按钮，弹出"新建 CSS 规则"对话框。

（3）在"选择器类型"下拉列表中选择"复合内容（基于选择的内容）"选项，在"选择器名称"文本框中输入".list li a:link"，在"规则定义"下拉列表中选择"（仅限该文档）"选项，如图 4-3-8 所示。单击"确定"按钮。

图 4-3-8　建立.list li a:link CSS 规则

（4）设置字体颜色为"黄色（#FFFF00）"。

（5）采用同样的方法，建立.list li a:visited 规则，设置字体颜色为"#FFFF00"；.list li a:hover 规则，设置字体颜色为"#000000"；.list li a:active 规则，设置字体颜色为"#000000"。

（6）保存网页文件，浏览网页效果。

项 目 训 练

一、填空题

1. CSS 的中文全称是＿＿＿＿＿＿＿＿＿。

2. 新建 CSS 规则时，选择器类型有＿＿＿＿＿＿＿＿、＿＿＿＿＿＿＿＿、和＿＿＿＿＿＿＿＿。其中，＿＿＿＿＿＿＿＿能够重新定义特定元素的格式。

3. 嵌入式样式表一般放在＿＿＿＿＿＿＿＿和＿＿＿＿＿＿＿＿标记对之间。

4. 网页使用外部样式表时，只需在<head>标记对中用＿＿＿＿＿＿＿＿标记将外部样式表链接起来。

5. CSS 规则选择器的＿＿＿＿＿＿＿＿标记是对 HTML 标记进行功能扩充的。

6. 在对特定 ID 的元素设置 CSS 规则时，在输入的选择器名称前应加上＿＿＿＿＿＿＿＿符号。

7．利用 CSS 规则设置超链接的四种状态，分别是_____、_____、

_____、_____。

二、选择题

1．以下符合类名格式的样式规则的名称是（　　　）。

  A．body   B．.aaa   C．.bbb a:active   D．.#ccc

2．外部样式表文件的扩展名是（　　　）。

  A．.txt   B．.css   C．.js   D．.html

3．用来设置方框和其中内容之间空白区域的属性值的是（　　　）。

  A．margin   B．padding   C．placement   D．position

4．以下是 CSS 对超链接各个状态的定义名称，用来设置鼠标经过时的超链接状态是（　　　）。

  A．a:link   B．a:active   C．a:visited   D．a:hover

三、简答题

1．使用 CSS 规则设置网页有什么好处？

2．如何应用 CSS 规则？

四、操作题

参照本项目的 CSS 规则设置方法，为练习文件夹 exercise 中的 e_home.html、e_gsjj.html 网页设置 CSS 规则。最终效果如图 4-4-1 和图 4-4-2 所示。

图 4-4-1　"茗香绿长"香茗专卖网页（e_gsjj.html）

图4-4-2 "茗香绿长"香茗专卖网页（e_home.html）

要求如下：

（1）网页中<body>、文字等元素的规则设置参照任务一。

（2）导航栏及其他各处的超链接设置如表4-4-1所示。

（3）列表项的CSS规则参照任务一所示网页的设置；表格的CSS规则参照任务二所示网页的设置；超链接的CSS规则参照任务三所示网页的设置。

表4-4-1 导航栏各项目的超链接设置

栏　　目	超链接目标	栏　　目	超链接目标
网站首页	e_home.html	在线预订	e_zxyd.html
公司介绍	e_gsjj.html	加盟连锁	e_jmls.html
最新动态	e_news.html	招聘信息	e_zpxx.html
知名茶品	e_zmcp.html	联系我们	e_lxwm.html
茶叶知识	e_cyzs.html		
关于我们	e_aboutus.html	信息反馈	e_xxfk.html
联系方式	e_lxfs.html	投诉建议	e_tsjy.html
茶道交流	e_cdjl.html	友情链接	e_yqlj.html

项目五
使用 Div+CSS 布局网页

Div+CSS 是目前较为流行的网页布局方法。用 Div 来组织和显示网页内容，配合 CSS 对内容和版面进行美化。有别于传统的 HTML 网页设计语言中的表格定位方式，信息结构清晰、内容与表现相分离，便于后期维护升级。

Div+CSS 技术具有以下几点优势：表现和内容相分离、提高搜索引擎对网页的索引效率、提高页面浏览速度、易于维护和改版。

能力目标

1. 掌握 Div 的概念。
2. 了解 Div+CSS 的布局优势。
3. 掌握使用 Div+CSS 进行页面布局的基本方法。

任务一　初识 Div

任务导入

图 5-1-1 所示的"食客空间"网页是利用 Div+CSS 技术制作的。从表面上看 Div+CSS 布局与表格布局的网页差别似乎不大，但制作方法却截然不同。Div+CSS 技术顺应网页设计技术的发展趋势，熟练掌握它有助于提高自身的网页制作水平。

本任务中使用了"1 列固定，居中""3 列固定"等布局方式。

图 5-1-1　Div+CSS 布局的网页

任务实施

1．准备工作

（1）运行 Dreamweaver，打开站点"DW 练习"。右击站点文件夹名称，在弹出的快捷菜单中选择"新建文件夹"命令，输入文件夹名称"blog"，并在此文件夹中建立"images"子文件夹，用以存放图像文件。

（2）保存相关图像文件到 dw_web\blog\images 文件夹中。

（3）右击 blog 文件夹，在弹出的快捷菜单中选择"新建文件"命令，输入文件名"blog.html"。双击打开并编辑此网页文件。

2．插入"1 列固定，居中"的 Div

（1）为了与前面已经制作完成的网页在页面风格上保持一致，单击"属性"面板→"页面属性"按钮，弹出"页面属性"对话框，设置当前网页的相关属性值，如图 5-1-2 所示。

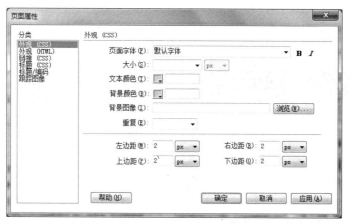

图 5-1-2　设置 blog.html 的"页面属性"

（2）单击"插入"面板→"常用"选项卡→"插入 Div 标签"按钮　，弹出"插入 Div 标签"对话框，输入 ID 为"page"，如图 5-1-3 所示。

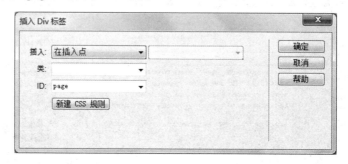

图 5-1-3　插入 ID 为"page"的 Div 标签

（3）在"插入 Div 标签"对话框中单击"新建 CSS 规则"按钮，弹出"新建 CSS 规则"对话框。Dreamweaver 会自动设置"选择器类型"为"ID（仅应用于一个 HTML 元素）"，"选择器名称"为"#page"，设置"规则定义"为"（仅限该文档）"，如图 5-1-4 所示。单击"确定"按钮。

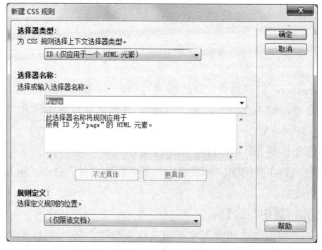

图 5-1-4　为"page"新建 CSS 规则

（4）在弹出的"#page 的 CSS 规则定义"对话框中，选择"方框"选项卡，设置宽度为"1000像素"，高度为"640 像素"，"边界"的左、右值设置为"自动"，如图 5-1-5 所示。单击"确定"按钮，当前网页就插入了 ID 为"page"的 Div，如图 5-1-6 所示。

图 5-1-5　为"page"定义 CSS 规则

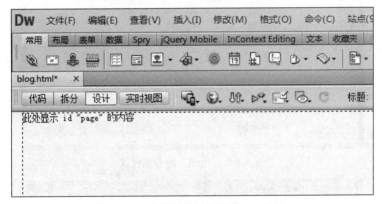

图 5-1-6　当前网页插入了"page"Div

3．插入"3 列固定"的 Div

（1）删除"page"Div 中的文本"此处显示 id "page" 的内容"，保持光标定位在此 Div 中。单击"插入"面板→"常用"选项卡→"插入 Div 标签"按钮，输入 ID 为"top"。

（2）单击"插入 Div 标签"对话框中的"新建 CSS 规则"按钮，为 top 层建立 CSS 样式，在"方框"选项卡中设置宽度为"1000 像素"，高度为"70 像素"，单击"确定"按钮。

（3）将光标定位到"top"Div 的下方，插入一个"left"Div。其 CSS 规则设置如图 5-1-7 和图 5-1-8 所示。注意，其浮动方式为"左对齐"。

（4）将光标定位到"left"Div 的右侧，插入一个"middle"Div。其 CSS 规则设置如图 5-1-9 和图 5-1-10 所示。注意，其浮动方式也为"左对齐"。

图 5-1-7　"left"的背景设置

图 5-1-8　"left"的方框设置

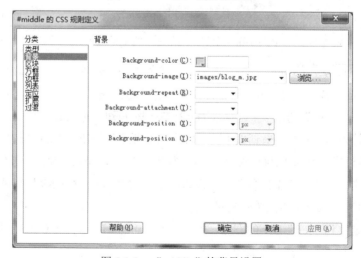

图 5-1-9　"middle"的背景设置

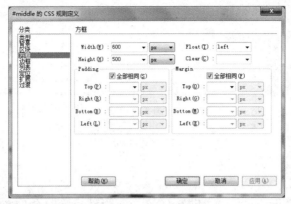

图 5-1-10 "middle"的方框设置

（5）将光标定位到"middle" Div 的右侧，插入一个"right" Div。其 CSS 规则设置如图 5-1-11和图 5-1-12 所示。注意，其浮动方式仍然为"左对齐"。

图 5-1-11 "right"的背景设置

图 5-1-12 "right"的方框设置

以上 3 个 Div 的 CSS 规则定义对话框的"类型"选项卡中行高均设置为"1.5 倍"。

4. 完整的页面布局

将光标定位到"middle" Div 的下方，插入一个"bottom" Div。其 CSS 规则设置如图 5-1-13和图 5-1-14 所示。注意其"清除"属性为"两者"，即此 Div 的左右两边均不与其他对象相邻。

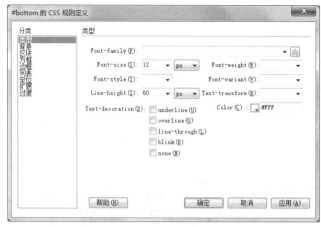

图 5-1-13 "bottom" 的类型设置

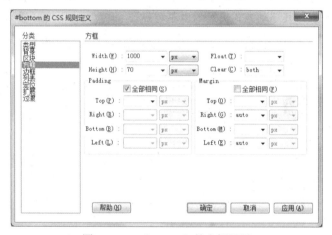

图 5-1-14 "bottom" 的方框设置

另外，还要设置"背景"选项卡中的背景颜色为"#006633"。

5. 使用 Div+CSS 布局网页

（1）使用 Div+CSS 布局的页面效果如图 5-1-15 所示。

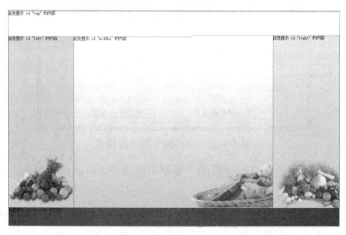

图 5-1-15 使用 Div+CSS 布局的页面效果

（2）切换到"代码"视图可以看到已经添加的 6 个 Div 的代码如下：

```
<div id="page">
    <div id="top">此处显示  id "top" 的内容</div>
    <div id="left">此处显示  id "left" 的内容</div>
    <div id="middle">此处显示  id "middle" 的内容</div>
    <div id="right">此处显示  id "right" 的内容</div>
    <div id="bottom">此处显示  id "bottom" 的内容</div>
</div>
```

（3）完成页面的内容。

① 删除各 Div 中的默认文本。

② 在"top"Div 中插入图像"images/sk_blog.jpg"。

③ 在"left"Div 中插入图像"images/photo_01.jpg"，设置对齐方式为"居中"。

④ 参照图 5-1-1 所示，在此图像下输入文本。选中这些文本行，其对齐方式均为默认，再选择"格式"菜单→"列表"→"项目列表"命令。

⑤ 单击"CSS 样式"面板→"新建 CSS 规则"按钮，新建一个".b_ul"样式（选择器类型为"类（可应用于任何 HTML 元素）"，选择器名称为".b_ul"，规则定义为"（仅限该文档）"）。

⑥ 在".b_ul 的 CSS 规则定义"对话框中设置行高为"2 倍行高"，列表的项目符号图像为"images/list_n.jpg"。

⑦ 将".b_ul"样式应用于"left"Div 中的 6 行列表<ul>标记。

⑧ 参照图 5-1-1 所示，在"middle"Div 中输入相应文本及三条水平线。

⑨ 在"right"Div 中建立"热门日志"栏目，栏目中的列表项应用".b_ul"样式。

⑩ 在"right"Div 中建立"最新菜谱"栏目，栏中的图像分别为"images/xhlrg.jpg""images/sszd.jpg""images/lrclrt.jpg""images/yzjzyp.jpg"。

⑪ 参照图 5-1-1 所示，在"bottom"Div 中输入相应文本。

全部内容添加完成后，保存并浏览网页。

相关知识

1. Div 与 CSS

Div 是网页中的"层"（又称"块"），相当于一个容器。网页中的元素可以划分到相应的 Div 中进行显示输出。

网页布局以 Div 为单位。Div 的起始标记是<div>，结束标记是</div>。介于<div>…</div>标记对之间的所有内容都属于这个层。每层中所包含元素的属性由 Div 标签的 CSS 规则来控制，或者通过应用 CSS 样式表来控制，以实现页面布局的协调统一。

与使用表格布局相比，使用 Div+CSS 布局的网页具有代码简洁、结构清晰、便于搜索的优点。当网站中多个网页使用相同的 Div+CSS 布局时，通过修改 CSS 规则就能批量完成网页的调整，十分方便且降低了网站的维护成本。

2. 插入 Div 与建立 CSS 规则

在 Dreamweaver 中，单击"插入"面板→"常用"选项卡→"插入 Div 标签"按钮，就可以在网页中插入 Div，在弹出的"插入 Div 标签"对话框中输入 ID（如 main）即可，如图 5-1-16 所示。

单击对话框中的"新建 CSS 规则"按钮，则可对当前 Div 设置 CSS 规则，如图 5-1-17 所示。设置"选择器类型"为"ID（仅应用于一个 HTML 元素）"，"选择器名称"为"#main"（与 Div 的 ID 一致）。

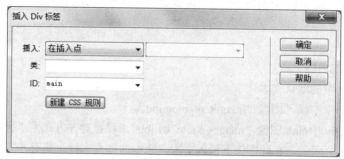

图 5-1-16　"插入 Div 标签"对话框

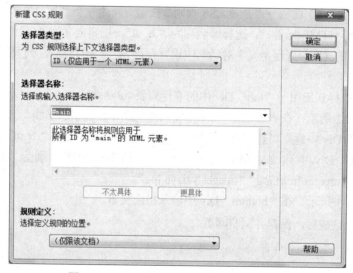

图 5-1-17　Div 的"新建 CSS 规则"对话框

 注

ID 是 Div 在网页中的唯一标识，不同 Div 的 ID 应不同，以便识别。

3. CSS 盒子模型

CSS 盒子模型是学习 Div+CSS 布局的关键。在网页设计中常常使用一些属性：内容（content）、填充（padding）、边框（border）、边界（margin）。这些属性类似于日常生活中盒子的属性。

CSS 盒子模型是针对这些属性而言的，其结构如图 5-1-18 所示。

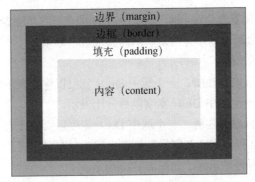

图 5-1-18　盒子模型结构图

可以把 Div 看作包含 4 种属性的盒子：

（1）内容：就是盒子里装的东西。通常指文字、图像等元素，也可以是小盒子（Div 嵌套）。Div 盒子具有弹性，里面的内容大过盒子本身时会把盒子撑大，但不会损坏盒子。

（2）填充：就是为了防止盒子里装的东西损坏而添加的泡沫板或者其他抗震的辅料。填充只有宽度属性，可以理解为盒子里辅料的厚度。

（3）边框：就是盒子本身。有大小和颜色两种属性，可以理解为生活中常见盒子的厚度以及这个盒子是用什么颜色材料做成的。

（4）边界：表示盒子在摆放时不能全部堆放在一起，要留一定的空隙，也就是说该盒子与其他元素之间要保留的距离。

整个盒子最终的宽度（高度）= 内容的宽度（高度）+填充的宽度（高度）+边框的宽度（高度）+边界的宽度（高度）

4．常用的 Div 布局方式

（1）1 列布局方式。显示在浏览器中一个居中的、有固定宽度的 Div，就是常用的"1 列固定，居中"布局方式，如图 5-1-19 所示。

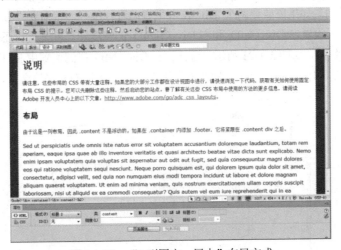

图 5-1-19　"1 列固定，居中"布局方式

传统的布局中，使用表格可以轻松地实现内容居中。在 Div+CSS 布局中是通过"方框"选项卡中的"边界"属性，控制层左、右两个方向的外边距来实现的。"边界"属性可以直接输入数值，

也可以设定为"自动"，即浏览器自动判断边距。当 Div 的左、右"边界"属性设置为"自动"时，浏览器会将 Div 的左、右边距设为相等的值，从而实现居中效果。

1 列布局方式还有以下 3 种：

① 1 列固定，居中，标题和注脚。一个居中 Div，宽度以像素表示，带有标题和注脚 Div。

② 1 列液态，居中。一个居中 Div，宽度以百分比表示。

③ 1 列液态，居中，标题和注脚。一个居中 Div，宽度以百分比表示，带有标题和注脚 Div。

（2）2 列布局方式。"2 列固定，左侧栏"是常见的 2 列布局方式。两个 Div 呈水平方向排列，左侧常为导航栏，右侧为内容显示区，如图 5-1-20 所示。

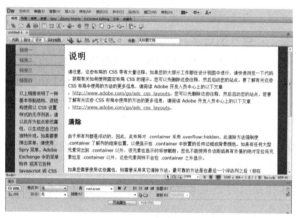

图 5-1-20　"2 列固定，左侧栏"布局方式

要实现 Div 的水平方向排列，必须使用 Div 的"浮动"属性。"浮动"属性是 Div+CSS 布局中非常强大的功能。在 CSS 规则定义中，任何元素都可以设置浮动属性，这使排版更加简单，易控制。

在网页中顺序插入"left"和"right"两个 Div，即使设置了合适的宽度，仍然还是保持在垂直方向上的线性排列。如果需要让两个 Div 在水平方向进行排列，就需要设置两者的浮动方式。所以，在设计时除了设置左 Div（left）和右 Div（right）的宽度和高度之外，还需定义"Float（浮动）"属性为"左对齐"，如图 5-1-21 所示。这样，左 Div（left）在浏览器中左对齐，右 Div（right）也紧挨着其左对齐。即使左 Div（left）的宽度发生变化，这两个 Div 仍然会紧靠在一起。

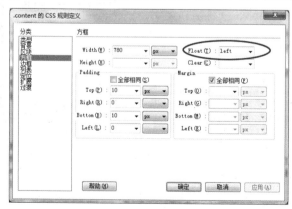

图 5-1-21　设置"浮动"属性为"左对齐"

2 列布局方式还包括以下几种方式:

"2 列固定,左侧栏、标题和注脚""2 列固定,右侧栏""2 列固定,右侧栏、注脚""2 列液态,左侧栏""2 列液态,左侧栏、标题和注脚""2 列液态,右侧栏""2 列液态,右侧栏、标题和注脚"等。其含义可参照软件的提示文本,不再赘述。

(3)多列布局方式。使用浮动定位方式,可以实现 Div 从 1 列到多列的布局。如果需要几个 Div 水平方向排列且居中显示,可以使用 Div 的嵌套形式设计。先用一个居中的 Div 作为容器,再将几个 Div 水平排列放置在容器中,从而实现几列 Div 固定并居中显示。

常见的布局方式有:"3 列固定""3 列固定,标题和注脚""3 列液态""3 列液态,标题和注脚"等。

5. Div 与列表

HTML 提供了列表的基本功能。引入 CSS 样式后,列表被赋予了很多新的功能,超越了最初设计时的预期值。列表主要包含<ul>或<ol>标记,配合<li>标记使用来定义列表中的各项。

在 Div+CSS 布局中,通常使用项目列表进行导航栏的设计。通过控制<ul>、<li>和<a>等标记的属性,来实现多变的导航效果。也可使用项目列表来灵活设置形式多样的布局格式。

▶ 任务二　使用 Div 制作较复杂的网页

任务导入

图 5-2-1 所示的是当前网站中用以显示文章内容的网页,本任务将利用 Div+CSS 技术进行制作,并使用了"1 列固定,居中"和"2 列固定,左侧栏"的布局方式。

图 5-2-1　Div+CSS 布局的网页

任务实施

1. 插入"1列固定，居中"的 Div

（1）运行 Dreamweaver，打开"DW 练习"站点。

（2）在"文件"面板中右击 article 文件夹，在弹出的快捷菜单中选择"新建文件"命令，输入文件名 read1.html。

（3）单击"属性"面板→"页面属性"按钮，设置页面属性，如图 5-2-2 所示。

图 5-2-2　设置页面属性

（4）在"CSS 样式"面板中双击规则名"body"，弹出"body 的 CSS 规则定义"对话框，设置其"类型"选项卡规则，如图 5-2-3 所示，单击"确定"按钮。

图 5-2-3　body 的"类型"规则

（5）单击"插入"面板→"常用"选项卡→"插入 Div 标签"按钮，弹出"插入 Div 标签"对话框，输入 ID 为"page"，如图 5-2-4 所示。

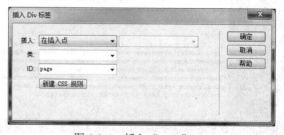

图 5-2-4　插入"page"Div

（6）单击"新建 CSS 规则"按钮，弹出"新建 CSS 规则"对话框，如图 5-2-5 所示，单击"确定"按钮。

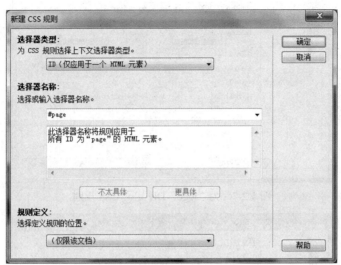

图 5-2-5　为"page"Div 新建 CSS 规则

（7）在弹出的"#page 的 CSS 规则定义"对话框中，选择"方框"选项卡，设置"宽度"为"1000像素"，"边界"的左、右均设置为"自动"，如图 5-2-6 所示，单击"确定"按钮，当前网页就插入了 ID 为"page"的 Div。

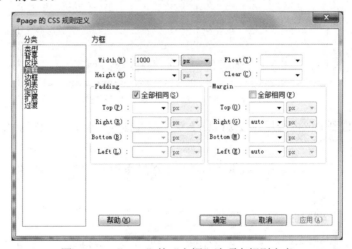

图 5-2-6　"page"的"方框"选项卡规则定义

（8）光标定位到 Div 内，删除其中的文本后再插入一个 Div，ID 为"logo"。CSS 规则如图 5-2-7所示。

（9）光标定位到"logo"的下方，插入一个 Div，ID 为"main"。选择"背景"选项卡，设置背景颜色为"#FFFF00"。设置"方框"选项卡的 CSS 规则，如图 5-2-8 所示。

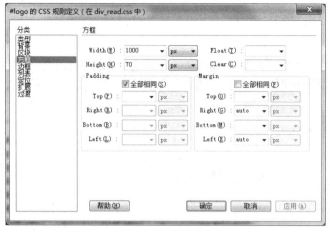

图 5-2-7　为"logo" Div 定义 CSS 规则

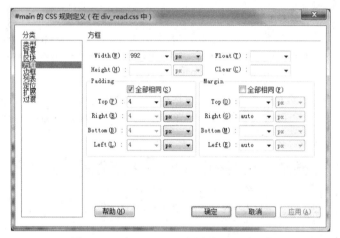

图 5-2-8　为"main" Div 定义 CSS 规则

（10）光标定位到 Div 内行尾，按【Enter】键，继续插入一个 Div，ID 为"pic"，CSS 规则如图 5-2-9 所示。

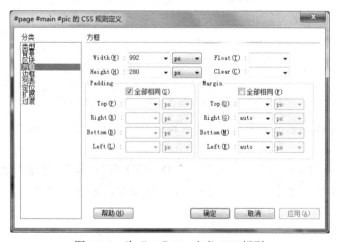

图 5-2-9　为"pic" Div 定义 CSS 规则

2．较为复杂的 Div 嵌套

（1）光标定位到"pic"的下方，插入一个 Div，ID 为"container"。选择"方框"选项卡，设置宽度为"992 像素"，边界中的上为"4 像素"，左、右均为"自动"。

（2）光标定位到"container"内行尾，插入一个 Div，ID 为"left"。选择"背景"选项卡，设置背景颜色为"#00CC00"。"方框"选项卡中的属性值设置如图 5-2-10 所示。

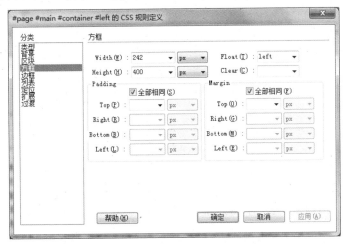

图 5-2-10　为"left"Div 定义 CSS 规则

（3）光标定位到"left"的右侧，插入一个 Div，ID 为"right"。选择"背景"选项卡，设置背景颜色为"#FFFFFF"，"方框"选项卡中的属性值设置如图 5-2-11 所示。

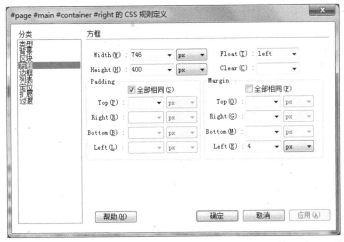

图 5-2-11　为"right"Div 定义 CSS 规则

（4）光标定位到"left"内行，插入一个 Div，ID 为"navigation"。选择"方框"选项卡，设置宽度为"242 像素"，高度为"210 像素"。

（5）光标定位到"left"的下方，插入一个 Div，ID 为"contact"。选择"方框"选项卡，设置宽度为"242 像素"，高度为"180 像素"。

（6）将光标定位于"main"Div 的下方，插入一个 Div，ID 为"bottom"。选择"类型"选项卡，设置行高为"40 像素"，颜色为"#FFFFFF"。在"背景"选项卡中设置背景颜色为"#333300"。

在"区块"选项卡中设置文本对齐方式为"center"，在"方框"选项卡中设置属性如图 5-2-12 所示。

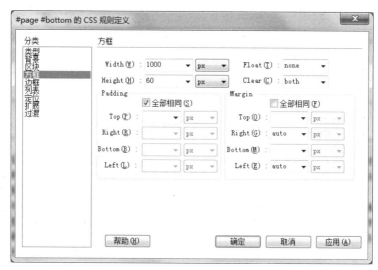

图 5-2-12　为"bottom"Div 定义"方框"选项卡属性值

（7）插入 Div 后效果如图 5-2-13 所示。

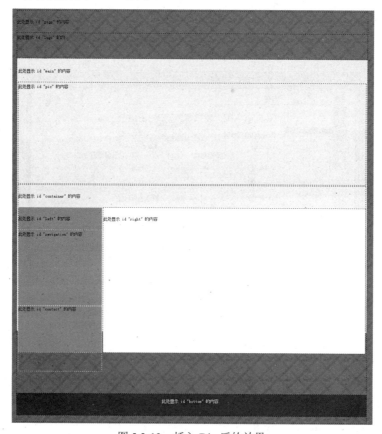

图 5-2-13　插入 Div 后的效果

3．在 Div 中输入内容

（1）删除各 Div 中的文本。如果文本行中含有段落标记对<p>…</p>，删除时可借助"拆分"视图来选中这些段落标记对（见图 5-2-14），或单击"标签选择器"中的<p>标记，按【Del】键删除。这样就能将 Div 中不必要的段落标记和文本清除干净，使得各 Div 的组合紧凑、协调。

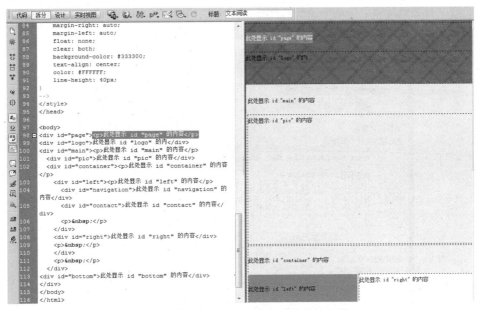

图 5-2-14 选中 Div 中<p>标记包含的文本

注

当 Div 嵌套层次较多时，按住【Alt】键并单击 Div，可显示当前 Div 及其所在的各上级 Div 的 CSS 名称，供用户选择编辑，如图 5-2-15 所示。

图 5-2-15 Div 指示器

（2）按照图 5-2-1 所示，在"logo"中插入"images/logo.jpg"文件，在"pic"中插入"../images/ct_01.jpg"文件。

（3）在"navigation"中插入一个 Div，ID 为"nv_title"。在"类型"选项卡中，设置行高为"30 像素"，字体粗细为"粗体"，颜色为"#FFFFFF"。在"背景"选项卡中，设置背景图像为"../images/title01.jpg"。在"方框"选项卡，设置宽度为"242 像素"，高度为"30 像素"。

（4）在"nv_title"中插入图像"../images/dot1.jpg"文件，并输入文本"栏目导航"。

（5）按照图 5-2-1 所示的导航文本，在"nv_title"下方输入"网站首页""行业动态"等七行文本。

（6）选中这七行文本，选择"格式"菜单→"列表"→"项目列表"命令。

（7）在"标签选择器"中选中当前列表的<ul>标记，单击"CSS 样式"面板中的"新建 CSS 规则"按钮，为这个列表新建一个 CSS 样式，如图 5-2-16 所示。

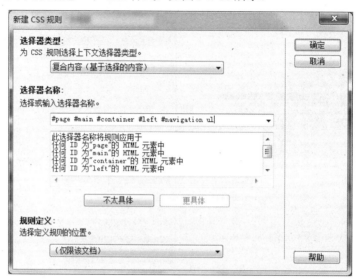

图 5-2-16　为列表<ul>新建 CSS 规则

CSS 规则为：在"类型"选项卡中，设置字体粗细为"粗体"。在"区块"选项卡中，设置文本对齐方式为"居中"。在"方框"选项卡中，设置"填充"为"全部相同（0 像素）"，"边界"为"全部相同（0 像素）"。在"列表"选项卡中设置项目符号为"../images/dot.gif"。

（8）选中<ul>中的列表项<li>，单击"CSS 样式"面板中的"新建 CSS 规则"按钮，为这个项目列表的列表项新建一个 CSS 样式。该样式的属性值设置如图 5-2-17 所示。

图 5-2-17　为列表项<li>新建 CSS 规则

（9）在"contact"中创建一个 CSS 规则与"nv_title"相同的 Div，ID 为"cn_title"。

（10）按照图 5-2-1 所示，在"cn_title"的下方输入联系方式文本。

（11）在"CSS 样式"面板中单击"新建 CSS 规则"按钮，新建一个段落"p"样式。

（12）设置"p"的 CSS 规则，在"方框"选项卡中，设置"边界"的上、下均为"4 像素"，左、右均为"8 像素"。

（13）按照图 5-2-1，在 right 中输入阅读文本。设置标题的字体大小为"24 像素"，行高为"40 像素"。文本中的两根水平线宽度为"98%"，高度为"2 像素"。

（14）按照图 5-2-1，在 bottom 中，输入版权信息。

（15）设置网页标题为"文本阅读"。

（16）按【F12】键，保存并浏览网页。

任务拓展

运用 Div+CSS 技术对原先使用表格布局制作的 gsjj.html 网页进行改进。

首先将站点中的文件 gsjj.html 重命名为 gsjj_table.html。新建一个空白网页，参照本任务所介绍的方法，进行布局。除了网页上方的水平导航栏外，网页的制作方法与 read1.html 相同，在此不再赘述。

网页上方的水平导航栏的制作步骤如下：

（1）在 ID 为"pic"的 Div 前插入一个 ID 为"menu1"的 Div。设置其背景颜色为"#666600"，宽度为"1000 像素"，高度为"40 像素"，Padding 和 Margin 的各项值均为"0"，如图 5-2-18 所示。

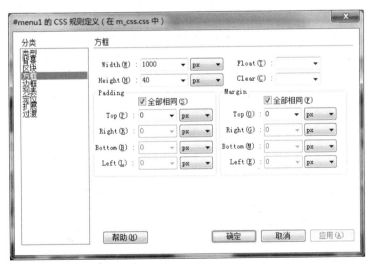

图 5-2-18 为"menu1"Div 定义 CSS 规则

（2）在其中输入导航项目及设置相关的超链接，并将这些项目设置成列表方式，如图 5-2-19 所示。

（3）新建一个选择器类型为"类（可应用于任何 HTML 元素）"的 CSS 规则".ul_m"，如图 5-2-20 所示。将此规则应用于此列表<ul>标记，用以定位列表文本在 Div 中的垂直位置。

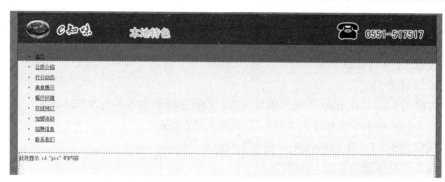

图 5-2-19　导航项目的列表方式

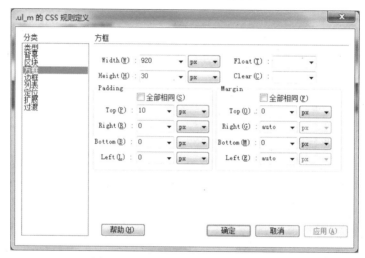

图 5-2-20　新建的 ".ul_m" CSS 规则

（4）新建一个选择器类型为"类（可应用于任何 HTML 元素）"的 CSS 规则 ".list_m"。规则中各项属性值的设置如表 5-2-1 所示。

表 5-2-1　".list_m" 的各项属性值设置

分类	属性	值
区块	Text-align	center
方框	Width	100px
	Height	20px
	Float	left
	Padding	均为 "0px"
	Margin	均为 "0px"
边框	Style	Right 和 Left 为 "dashed"，其他为默认值
	Width	Right 和 Left 为 "1px"，其他为默认值
	Color	Right 和 Left 为 "#00CC33"，其他为默认值
列表	List-style-type	none

（5）将 ".list_m" 规则应用于此列表的每一个列表项<li>标记。此时导航栏呈水平方式显示。

（6）为了使其与之前网页的超链接显示效果一致，将外部样式表 a_css.css 链接到当前网页。方法是：在 "CSS 样式" 面板中，单击 "附加样式表" 按钮 ，弹出 "链接外部样式表" 对话框，定位到 a_css.css 文件即可，如图 5-2-21 所示，单击 "确定" 按钮。

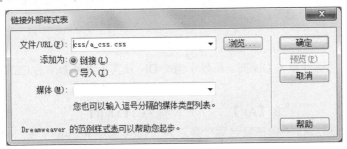

图 5-2-21 "链接外部样式表" 对话框

水平导航栏制作完成，如图 5-2-22 所示。

图 5-2-22 制作完成的水平导航栏

项目训练

一、填空题

1. 在网页中使用 Div，代码要放在_____标记之间。

2. Div+CSS 布局中，Div 的属性及 Div 中所包含元素的属性都是通过_____控制的，以实现页面的协调统一布局。

3. 一个 Div 的内容占 100 px，填充为 10 px，边框为 5 px，边界为 1 px，那么这个 Div 所占的宽度为_____。

4. 常用的 Div 布局方式有_____、_____、_____等。

5. 使用 "1 列固定，居中" 布局方式时，通过_____选项卡中的_____属性来实现内容居中。

6. 设置 CSS 规则 "清除" 的属性值为_____时可清除左右两边浮动。

7. _____标记可以嵌套于<ul>、<ol>中，用来定义列表中的各项。

8. 如果在 "设计" 视图中不能准确定位光标到相应的 Div 中，可以在_____视图中准确地将光标定位到相应的<div>…</div>标记对之间。

二、选择题

1．垂直方向排列的两个 Div，要实现水平方向的排列且左对齐，需要将两者的（　　）属性定义为"left"。

    A．浮动　　　　　　　B．文本对齐　　　　　　C．垂直对齐　　　　　　D．其他

2．如果要取消先插入的 Div 对后插入 Div 的影响，需要将后者 CSS 规则中的"清除"属性定义为（　　）。

    A．左对齐　　　　　　B．右对齐　　　　　　　C．两者　　　　　　　　D．无

3．按住（　　）键并单击 Div 时，可显示当前 Div 及其上级各 Div 的 CSS 规则和名称，供用户选择编辑。

    A.【Ctrl】　　　　　　B.【Alt】　　　　　　　C.【Shift】　　　　　　D.【Ctrl+Shift】组合

4．新建 CSS 规则时，"选择器名称"显示为"#box #navigation"，则下列说法中正确的是（　　）。

    A．navigation 包含在 box 中　　　　　　　　B．box 包含在 navigation 中

    C．box 与 navigation 是并列的两个 Div　　　D．可以直接写成#navigation

三、简答题

1．什么是 Div？

2．简述 Div+CSS 布局的优点。

四、操作题

利用 Div+CSS 布局技术，规划设计如图 5-3-1 所示的网页。网页使用了 Div 的多层嵌套，文本及图像的布局中使用了多种 CSS 样式。具体可参照练习文件夹 exercise 中 blog 子文件夹中的 blog.html 文件，图片素材在 blog 文件夹中的 images 子文件夹中。

图 5-3-1　"茗香绿长"香茗专卖网站的博客网页

项目六

使用模板提高制作效率

在建立网站的过程中，同一个板块中的网页通常都使用统一的风格，采用大致相同的网页布局结构、版式、导航条、图片和 Logo 等。为了避免不必要的重复操作，提高效率，可以使用 Dreamweaver CS6 提供的模板和库功能，将具有相同布局结构的页面制作成模板，将相同的元素制作为库项目，以便随时调用，实现批量化制作网页。这里将介绍如何在 Dreamweaver CS6 中创建和编辑模板与库。

能力目标

1. 掌握模板和库的概念。
2. 掌握模板和库的创建、编辑、应用方法。
3. 熟练使用模板和库。

任务一　使用模板制作相似的网页

任务导入

图 6-1-1 所示的网页结构（如布局格式、LOGO、导航等）在当前网站中是统一的。只是不同网页中右下方区域所显示的内容会有所不同。在编辑网页时，如果对于每个相似的网页都重复添加这些内容，既浪费时间，又容易出错。因此，本任务将介绍如何制作与使用模板，可以将网页中除右下方"公司介绍"的文本和图片之外的部分另存为一个模板文件，在新网页中应用其格式，不同的网页只要编辑各自不同的内容即可，可以提高网页制作效率。

图 6-1-1　站点中通用的网页版式

任务实施

1. 创建模板

利用现有的网页文件制作模板，方法如下：

（1）在 Dreamweaver 中打开站点"DW 练习"。

（2）双击打开本地站点中的网页 gsjj.html，删除其右下方的"公司介绍"。

（3）选择"文件"菜单→"另存为模板"命令，弹出图 6-1-2 所示的"另存模板"对话框，选择保存到的目标站点"DW 练习"，在"另存为"文本框中输入名称"web_m"，单击"确定"按钮。

> **注**
>
> Dreamweaver 将自动在站点中创建 Templates 文件夹，并将模板文件保存在此文件夹中。

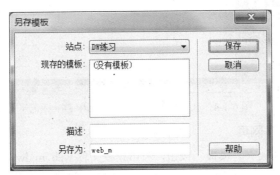

图 6-1-2 "另存模板"对话框

（4）模板文件的结构如图 6-1-3 所示。

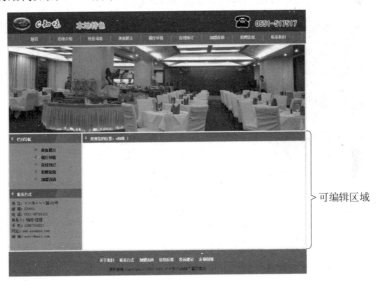

图 6-1-3 网页模板的结构

2. 创建可编辑区域

（1）此时模板文件已经打开。也可在"资源"面板中，单击"模板"按钮，选中模板文件 web_m.dwt，双击打开。

（2）在文档编辑区左下方的"标签选择器"中，选中想要插入对象的可编辑区域，如图 6-1-4 所示的圆圈部分（即 Div 标记）。

（3）依次选择"插入"菜单→"模板对象"→"可编辑区域"命令。

（4）在弹出的"新建可编辑区域"对话框中，输入该区域的名称 Edit1，单击"确定"按钮。

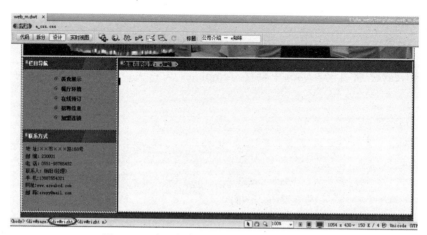

图 6-1-4　在"标签选择器"中选中 Div 标记

3．制作"联系我们"网页

（1）单击"资源"面板→"模板"按钮，右击模板文件 web_m.dwt，在弹出的快捷菜单中选择"从模板新建"命令，此时 Dreamweaver 窗口中自动创建基于此模板生成的新网页文件"Untitled-1"。

（2）在网页的可编辑区域添加内容，如图 6-1-5 所示。

图 6-1-5　网页中添加的内容

在网页中添加了一张图片 images/datang.jpg 和若干行文本。为了让两部分内容显示在区域中央，分别对其使用了一个 Div。图片所在的 Div 命名为"r_img"，应用的 CSS 规则如图 6-1-6 所示，文本所在的 Div 命名为"r_text"，应用的 CSS 规则如图 6-1-7 所示。为了使文本更紧凑些，还建立了一个 p 样式，设置段落的边距和填充均为"0 像素"。

"#r_img" 的属性	
margin-left	auto
margin-right	auto
padding	8px
width	300px
添加属性	

图 6-1-6　"r_img"的 CSS 规则

"#r_text" 的属性	
line-height	1.5
margin-bottom	0px
margin-left	auto
margin-right	auto
margin-top	0px
padding	0px
width	250px
添加属性	

图 6-1-7　"r_text"的 CSS 规则

（3）输入网页标题"联系方式—e 知味"。

（4）以 lxwm.html 为文件名，保存文件到当前站点根目录下。

4．制作"行业动态"网页

用同样的方法创建基于 web_m.dwt 模板的"行业动态"网页 news.html，如图 6-1-8 所示，其上方是一个用以显示文章标题的列表，文字内容直接输入在 ID 为"right_n"的 Div 中，下方是一个用以上下翻页的导航，新建一个 ID 为"dh"的 Div 来显示这些内容。

图 6-1-8　news.html 网页中的文章标题列表

（1）制作文章标题列表：

① 输入文字内容，并设置为列表后，对此列表设置 CSS 规则".list_n"。每行标题下方的虚线效果是对列表项的边框设置了 CSS 规则".list_n li"。具体如图 6-1-9 和图 6-1-10 所示。

".list_n" 的属性	
line-height	2
list-style-...	url(images/list_n.png)
list-style-...	inside
padding	8px
margin-left	8px
margin-right	8px
添加属性	

图 6-1-9　".list_n"的 CSS 规则

".list_n li" 的属性	
border-bott...	#999
border-bott...	dashed
border-bott...	1px
margin	2px
padding	0px
width	700px
添加属性	

图 6-1-10　".list_n li"的 CSS 规则

② 为各行标题设置超链接，此处假设链接目标均为"article/read1.html"。

③ 为了使超链接内容能看得更清楚，并且与网页中已经设置的超链接 CSS 样式相区别。另外创建 CSS 规则".list_n li a"，设置其文本颜色属性值为"#000066"。

（2）制作翻页导航。翻页导航主要由 5 个字串和 1 个下拉列表控件构成。操作过程如下：

① 设置"dh"Div 的 CSS 规则如图 6-1-11 所示。

"#dh" 的属性	
height	30px
margin-left	auto
margin-right	auto
padding	8px
text-align	center
width	600px
添加属性	

图 6-1-11　"dh"的 CSS 规则

② 在导航文本"尾页"后插入下拉列表控件。单击"插入"面板→"表单"选项卡→"选择（列表/菜单）"按钮▤，弹出"输入标签辅助功能属性"对话框。在 ID 文本框中输入"page_n"，单击"确定"按钮。

③ 显示"是否添加表单标签?"提示框，单击"否"按钮即可。

④ 选中此下拉列表控件，在"属性"面板中单击"列表值"按钮 列表值… ，弹出"列表值"对话框，添加项目标签，如图 6-1-12 所示，单击"确定"按钮。

⑤ 在"属性"面板的"初始化时选定"列表框中单击"第1页"选项，如图 6-1-13 所示。此步骤是设置在网页运行时，下拉列表框默认选定的值。

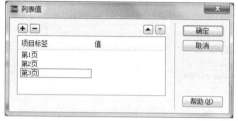
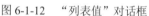

图 6-1-12　"列表值"对话框

图 6-1-13　设置列表框的初始值

（3）浏览网页，认真观察，并调试到满意的效果。

5. 将模板应用到"公司介绍"网页

（1）打开"公司介绍"网页文件 gsjj.html。

（2）在"资源"面板的"模板"版块中，右击模板文件 web_m.dwt，在弹出的快捷菜单中选择"应用"命令即可。

> **注**
>
> 　　如果是对现有的网页文件应用模板，则此文件和模板在各个区域上要有一致的对应关系，否则，模板在文件中将不能正常应用。

6. 更新模板

假设 web_m.dwt 模板文件中底部导航"厨艺交流"项目事先没有链接目标，现为其设置超链接。

（1）打开模板文件 web_m.dwt。

（2）选中底部导航"厨艺交流"文本，在"属性"面板中设置其链接目标为"cyjl.html"。

（3）保存模板。此时，Dreamweaver 会询问"是否更新所有基于此模板的网页？"单击"更新"按钮，将更改的内容更新到所有应用此模板的网页文件中。

相关知识

1. 什么是模板

模板是 Dreamweaver 中提供的一种特殊文档。当需要制作的多个网页带有相同格式和特征时，可以先设计一个模板文档，然后利用模板文档制作其他网页。

模板的编辑方法和普通网页大致相同，不同的是可以在文档中添加可编辑区域、可选区域、重复区域等。所有应用了模板的网页都具有相同的版式和内容，只可以在可编辑区域中添加、修改内容。对某一模板进行修改后，所有应用了该模板的网页都可以选择同步更新。

模板必须保存在站点中，所以在创建模板前应先创建站点。否则，创建模板时系统会提示创建站点。在 Dreamweaver CS6 中，模板的扩展名为.dwt，并存放在本地站点的 Templates 文件夹中，此文件夹在保存模板时会自动创建。

2．创建模板的方法

创建模板主要有两种方法：

（1）将现有的 HTML 文档进行相应修改后另存为模板；

（2）创建空白 HTML 模板，逐步设计页面布局，再保存。

3．创建可编辑区域

可编辑区域控制基于模板的页面中哪些区域可以编辑。设置可编辑区域，需要在制作模板时完成。

（1）先选中作为"可编辑区域"的对象，再使用以下任意一种方法创建：

① 依次选择"插入"菜单→"模板对象"→"可编辑区域"命令；

② 右击选中的对象，在弹出的快捷菜单中选择"模板"→"新建可编辑区域"命令；

③ 单击"常用"选项卡→"模板"下拉按钮 →"可编辑区域"选项，如图 6-1-14 所示。

图 6-1-14 "常用"选项卡中的"模板"下拉按钮

（2）在弹出的"新建可编辑区域"对话框中，输入该区域的名称（如 Edit1），单击"确定"按钮，如图 6-1-15 所示。此时在模板文件的当前区域左上角会有"Edit1"的标识提示。

图 6-1-15 "新建可编辑区域"对话框

注

命名区域时，不要使用特殊字符，并且每个区域的名称是唯一的，不可重复。

若要取消可编辑区域标记，可进行如下操作：

依次选择"修改"菜单→"模板"→"删除模板标记"。删除模板标记后，对应的区域也变成不可编辑区域。

对于不可编辑区域中的 CSS 样式描述，尽量使用外部样式表文件方式保存。可以避免在 CSS 中使用图像等含地址引用的元素时，产生错误。例如，在内部样式表中设置某 Div 的背景图像为 "images/bj.jpg"，在保存为模板之后，此地址会自动更新而变为"../images/bj.jpg"，导致在使用模板文件新建网页时不能正确显示图像对象。

4. 创建重复区域

重复区域是指模板用户可以使用它在模板中复制任意次数的指定区域，重复区域不是可编辑区域。创建方法如下：

（1）先选中作为"重复区域"的对象，再使用以下任意一种方法：

① 选择"插入"菜单→"模板对象"→"重复区域"命令；

② 在选中的区域内右击，在弹出的快捷菜单中选择"模板"→"新建重复区域"命令；

③ 单击"常用"选项卡→"模板"下拉按钮 → "重复区域"选项，如图 6-1-14 所示。

（2）弹出"新建重复区域"对话框，如图 6-1-16 所示，输入名称，单击"确定"按钮。

图 6-1-16　"新建重复区域"对话框

注

重复区域在基于模板的文档中是不可编辑的，除非其中包含可编辑区域。

5. 应用模板

模板的创建和编辑完成后，就可以利用模板来创建网页或对已有的网页应用模板。如果对模板进行了修改，则只需对应用了该模板的网页进行更新即可，大大方便了整个网站中同类网页的制作和修改，提高了工作效率。

应用模板的方法主要有以下两种：

（1）在"资源"面板中使用模板创建新网页，步骤如下：

新建一个空白网页文件，单击"资源"面板中的"模板"按钮，如图 6-1-17 所示。

图 6-1-17 "资源"面板

在模板列表中选择模板文件后右击，在弹出的快捷菜单中选择"应用"命令，则可将模板应用到这个新的网页文件，或在弹出的快捷菜单中选择"从模板新建"命令，则自动创建一个基于此模板的新网页文件。

（2）新建网页时使用模板的方法。选择"文件"菜单→"新建"命令，弹出图 6-1-18 所示的"新建文档"对话框，选择"模板中的页"选项，在"站点'DW 练习'的模板"中选择相应的模板（如 web_m1），单击"创建"按钮，新建一个基于此模板的网页文件。设计者可在网页的可编辑区域添加相关内容。

若勾选"当模板改变时更新页面"复选框，则当模板被修改后，用此模板创建的网页也会自动更新。

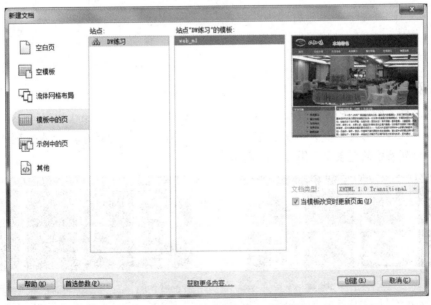

图 6-1-18 "新建文档"对话框

6. 将模板从网页中分离

用模板设计网页时，模板有很多不可编辑区域。为了能够修改基于模板页面中的不可编辑区域内容，必须将页面从模板中分离出来。当页面被分离后，它将成为一个普通的网页文件，不再具有不可编辑区域，也不再与任何模板相关联。当模板被更新时，当前被分离的网页文件也就不会被更新了。

选择"修改"菜单→"模板"→"从模板中分离"命令，即可将当前网页文件同模板分离。此后就可以编辑网页中的所有区域了。

7. 删除网站中的模板

（1）在"资源"面板中单击"模板"按钮 ▤。

（2）在"模板"列表中，选中要删除的模板项。

（3）单击"文件"面板右上角的三角形按钮 ▾▤ ，打开面板菜单，选择"删除"命令，如图 6-1-19 所示。或直接单击模板列表右下角的"删除"按钮；或右击模板，在弹出的快捷菜单中选择"删除"命令。

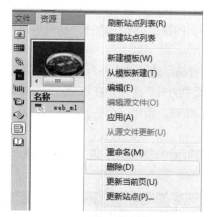

图 6-1-19 "资源"面板菜单中的"删除"命令

ⓘ 任务拓展

运用本任务所介绍的方法建立 mszs.html、cthj.html、jmls.html、zpxx.html、zxyd.html 等网页文件。在这些网页中添加相应的内容，如图 6-1-20～图 6-1-24 所示。"在线预订"网页中两个下拉列表框的列表项如图 6-1-25 所示。

图 6-1-20 mszs.html 网页的内容

图 6-1-21 cthj.html 网页的内容

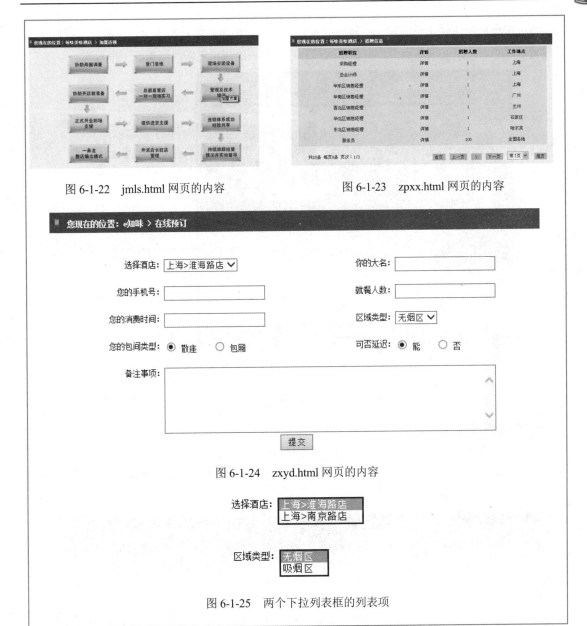

图 6-1-22 jmls.html 网页的内容　　　　　图 6-1-23 zpxx.html 网页的内容

图 6-1-24 zxyd.html 网页的内容

图 6-1-25 两个下拉列表框的列表项

任务二 使用库项目更新网页元素

任务导入

当前站点的模板中，菜单导航栏的下方有一张展示酒店风貌的大图片，如图 6-2-1 所示。当需

要替换此图像时，由于多个网页都有相同的内容，逐个替换效率不高。本任务中通过将这部分内容设置成库项目，来实现站点中所有使用这部分内容网页的成批更新，以提高工作效率。

图 6-2-1　网页中需设置成库项目的部分

任务实施

1. 创建库项目

（1）打开当前站点"DW 练习"中的模板文件 web_m.dwt。

（2）选中图 6-2-2 所示的图片区域<div#pic>对象，选择"修改"菜单→"库"→"增加对象到库"命令，创建成库项目。

图 6-2-2　选择作为库项目的区域

此时屏幕可能会弹出图 6-2-3 所示对话框，单击"确定"按钮。

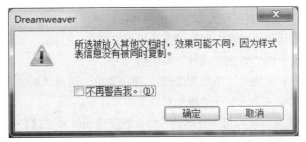

图 6-2-3　创建库项目前提示样式表信息的对话框

> 选中区域时通常使用文档编辑区左下方的"标签选择器",这样才能准确选取。

（3）将库项目命名为 pic1。

2. 修改库项目

（1）在"资源"面板中单击"库"按钮 📖，选中库项目 pic1，双击打开。

（2）将原有的图片替换成"images/ct03.jpg"。

（3）保存库项目 pic1，弹出"更新库项目"对话框，如图 6-2-4 所示。单击"更新"按钮，则保存当前库项目，并更新与之相联的模板文件和网页文件。

（4）浏览当前网站，认真观察修改后的效果。

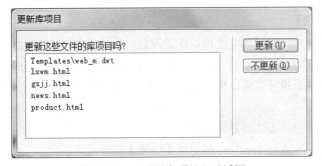

图 6-2-4　"更新库项目"对话框

相关知识

1. 库的概念

库是一种特殊的 Dreamweaver 文件，其中包含已创建的单独资源或资源拷贝的集合以便在网页中使用。库可以存储各种各样的页面元素，如文本、表格、图像等。

工作中经常要对相似网页相同区域的内容进行更新。如果手动重复操作，工作效率势必不高，库技术就可以对这些网页中的局部内容进行快速设计和管理。

2. 基于文档内容创建项目

可以将单独的文档对象创建为库项目，也可以将多个文档对象的组合创建为库项目。方法如下：

（1）在文档窗口中，选择要保存为库项目的内容，再使用以下四种方法之一：

① 将选中的内容拖动到"资源"面板的库项目列表区中；

② 单击"库"列表中的"新建库项目"按钮；

③ 单击"库"列表右上角的三角形按钮，弹出菜单，选择"新建库项"命令；

④ 选择"修改"菜单→"库"→"增加对象到库"命令。

（2）在名称列表下修改默认项目文件名称（如命名库为 pic1），按【Enter】键完成项目的创建。库文件的扩展名为.lbi，如图 6-2-5 所示。

图 6-2-5　创建的库项目

3．创建空白库项目

基于文档内容创建项目时需要在文档中选定内容，而创建空白库项目时则不能选定任何内容。空白库项目创建后，即可打开库项目文档的编辑窗口，对该库项目进行编辑。方法如下：

（1）不要在"文档编辑区"窗口中选择任何内容。（如果选择了内容，则该内容将被放入到新的库项目中。）

（2）在"库"列表中单击"新建库项目"按钮，可在库项目列表中添加一个新的库项目。

（3）在名称列表中输入一个名称，然后按【Enter】键即可。

这是一个空白的库项目，之后可以对其添加内容。

4．在文档中插入库项目

（1）打开要使用库项目的网页，将光标定位到要插入库项目的位置。

（2）从"库"列表的库项目中选择要插入的库项目。

（3）单击此列表左下方的"插入"按钮，或将库项目直接拖放到文档窗口中。

5．编辑更新库项目

（1）在"资源"面板的"库"列表中选择要编辑的库项目。

（2）单击列表底部的"编辑"按钮或双击库名打开库项目（如 pic1.lbi）。

（3）此时，在文档窗口的标题栏上，会显示"<<库项目>>……"字样。

（4）按照正常的文档编辑方法，对库项目内容进行编辑。

（5）按【Ctrl+S】组合键保存库项目。此时将出现图 6-2-6 所示的"更新库项目"对话框。单击"更新"按钮，即可更新本地站点中所有包含库项目的文档；单击"不更新"按钮将不更改任何文档。

图 6-2-6 "更新库项目"对话框

6. 更新页面

（1）更新整个站点或所有使用特定库项目的文档，方法如下：

选择"修改"菜单→"库"→"更新页面"命令，弹出"更新页面"对话框，如图 6-2-7 所示。在"查看"下拉菜单中可执行下列任一种操作：

① 依次选择"整个站点"→选择"站点名称"命令，则更新所选站点中的所有页面。

② 依次选择"文件使用"→选择"库项目名称"命令，则更新当前站点中所有使用所选库项目的页面。

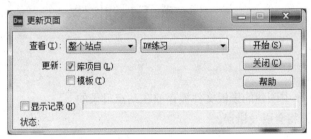

图 6-2-7 "更新页面"对话框

 注

要确保对话框内"更新"选项中的"库项目"复选框为选中状态，再单击"开始"按钮。

（2）更新当前文档。选择"修改"菜单→"库"→"更新当前页"命令，即可更新当前页中使用的所有库项目。

7. 分离文档中的库项目

在文档窗口中插入的库项目是作为一个整体存在的，无法直接在文档中对其进行编辑。而在制作过程中并不希望它永远都作为一个库项目存在，有时候希望它作为普通的文档内容被单独编辑。因此可以按照如下方法，将库项目分离出来。

（1）在网页中选中相应的库项目内容。

（2）单击"属性"面板中的"从源文件中分离"按钮，弹出图6-2-8所示对话框，单击"确定"按钮即可。

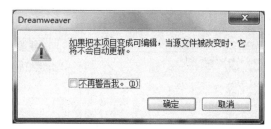

图6-2-8　分离库项目的提示对话框

8．重建库项目

Dreamweaver通过"重新创建"的方式，可恢复文档中意外丢失或删除了的库项目。

（1）在相应文档中选择该项目的一个实例。

（2）在"属性"面板中单击"重新创建"按钮。

如果库项目不存在，则会重建库项目。如果库项目存在，则出现一个对话框，提示是否要覆盖它。单击"确定"按钮，即可将之覆盖。

项 目 训 练

一、填空题

1．在Dreamweaver中创建的模板文件被存放在站点目录的_____文件夹中，用户不能随意移动，否则将会引发错误。

2．库文件的扩展名是_____，存放库项目的文件夹名称是_____。

3．若有多个页面都使用相同的布局，则创建网页时就可以使用_____。

4．若有多个页面都使用相同的网页元素，则可将这些网页元素创建到_____。

5．可以在_____面板中选择已创建的模板，打开并对其进行编辑。

二、选择题

1．在Dreamweaver中，可以基于模板创建网页。模板文档使用（　　）作为其扩展名。

    A．htm　　　　　　　B．dwt　　　　　　　C．dot　　　　　　　D．html

2．在创建一个Dreamweaver模板时，必须在该模板中加入一个（　　），以便在把该模板应用到某个网页后，网页有一部分能被正常编辑。

    A．锁定区域　　　B．可控制区域　　　C．可编辑区域　　　D．可复制区域

3．在Dreamweaver中，下面关于创建模板的说法，错误的是（　　）。

    A．在"模板"列表中单击右下角的"新建模板"按钮，就可以建立新模板

    B．在"模板"列表中双击已命名的模板，就可以对其重命名

    C．在"模板"列表中双击已有的模板就可以对其进行编辑

    D．模板中至少要创建一个可编辑区域

4. 在创建模板时，下面关于可编辑区域的说法，正确的是（   ）。

    A. 只有定义了可编辑区域才能把它应用到网页上

    B. 在编辑模板时，可编辑区域是可以编辑的，锁定区域是不可以编辑的

    C. 一般把共同特征的标题和标签设置为可编辑区域

    D. 以上说法都不对

5. 基于网页创建模板时，可以通过执行（   ）命令来把网页保存为模板。

    A. "文件"→"导出为模板"   B. "文件"→"保存为模板"

    C. "文件"→"转换为模板"   D. "文件"→"另存为模板"

6. Dreamweaver 中，关于模板的说法不正确的是（   ）。

    A. 模板是一个文件

    B. 模板默认状态下被保存在站点根目录下的 Templates 子目录下

    C. 模板是固定不变的

    D. 模板和库尽管有相似之处，但总的来说仍是不同的两个概念

7. 下列对库的描述哪一项是错误的（   ）。

    A. 库包含已经创建的单独资源或资源拷贝的集合以便放在网页中

    B. 库中可以存储各种各样的网页元素，如图像、表格、声音、Flash 动画等

    C. 库项目是可以在多个页面中重复使用的页面元素

    D. 在使用库项目时，Dreamveaver 自动将库中的内容插入到页面中

三、简答题

1. 创建基于模板的网页有哪些方法？

2. 简要回答重复区域和可编辑区域的作用。

3. 简要回答库的定义方法，比较模板与库的区别。

四、操作题

1. 模板的建立与使用。

参照任务一制作图 6-3-1 所示的模板文档。使用练习文件夹 exercise 中的 company.html 网页制作模板。以 ex_dwt.dwt 为文件名保存到练习文件夹 exercise 中的 Templates 子文件中。要求：

图 6-3-1　新建的模板

（1）将该网页保存为模板，并对该模板建立可编辑区域。

（2）新建基于该模板的新文档（如 mark.html 网页），如图 6-3-2 所示。

（3）修改模板后，基于模板的文档应有相应的改变。

图 6-3-2　将模板应用到网页

2．库项目的建立与使用。

参照本项目的任务二添加图 6-3-3 所示的库项目。将练习文件夹 exercise 中的 company.html 网页的 logo 区及 banner 区作为库项目，分别存放在库文件 ex1_lbi.lbi 和 ex2_lbi.lbi 中。要求：

（1）正确建立库项目，存放在库中。

（2）在其他文档（如 mark.html）中插入库项目。

（3）修改库项目后，含有库项目的文档应有相应的改变。

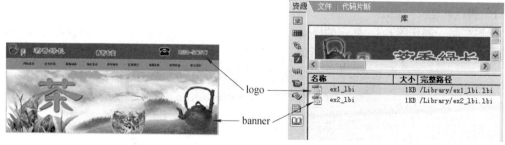

图 6-3-3　建立库项目

项目七

使用内置行为与 JavaScript

　　HTML 主要用于显示网页内容，功能较为简单。要想丰富网页的功能还需借助其他计算机语言来实现。JavaScript 就是一种流行于网页的、功能较强的脚本语言。

　　Dreamweaver 内置的"行为"机制，是基于 JavaScript 来实现动态和交互的网页。但具体使用时无须书写代码，在 Dreamweaver 可视化环境中通过对话框和按钮的操作就能很快实现丰富的动态页面效果，其相应的 JavaScript 代码由 Dreamweaver 自动生成。

　　Spry 是 Adobe 公司推出的 JavaScript 框架并将其集成在 Dreamweaver 中。使用 Spry 框架构建的网页可以实现丰富的显示效果，使用 Spry 表单构件可实现完善的数据验证功能。

能力目标

1. 掌握行为和事件的概念。
2. 掌握使用内置行为制作简单的网页特效。
3. 掌握使用 Spry 构件制作网页下拉菜单的方法。
4. 了解使用 JavaScript 脚本语言制作简单网页特效的方法。

▶任务一　使用 Dreamweaver CS6 内置行为制作网页特效

任务导入

使用 Dreamweaver CS6 的内置行为制作网页特效，以 home.html 为例，要求：

- 当鼠标移动到某图像上时，图像变亮，如图 7-1-1 中圆圈部分所示。鼠标移开时，恢复原样。
- 当打开此网页时，显示"欢迎光临！"提示框，如图 7-1-2 所示。当关闭此网页时，显示"欢迎下次光临！"提示框。
- 网页载入后，浏览器状态栏的左侧显示"欢迎来到 e 知味！"，如图 7-1-3 左下角圆圈内所示。

图 7-1-1　鼠标指向图像时，该图像变亮

图 7-1-2　打开网页时显示提示框

图 7-1-3　浏览器状态栏中显示欢迎信息

任务实施

1. 制作用于替换的图片素材

（1）在站点文件夹的 images 文件夹中建立一个 light 子文件夹。

（2）使用图像处理软件（如 Photoshop），将网页中要产生变亮效果的图片进行亮化处理。本例中需要处理的图片是 c01.jpg、c02.jpg……c12.jpg，并将其存放于 light 文件夹中。

2. 为网页元素设置 ID

由于 home.html 网页中的图片在插入时没有设置 ID，为了能正确显示图片的行为效果，先为其设置 ID。

（1）打开站点"DW 练习"中的 home.html 文件。

（2）选中食品列表中的第一张图片 c01.jpg。

（3）在"属性"面板的 ID 文本框中输入"c01"作为其 ID，如图 7-1-4 圆圈中所示。

图 7-1-4　为图片设置 ID

（4）用同样的方法，为右边的 3 张图片分别设置 ID 为 c02、c03、c04。

3．制作图片的交替效果

（1）选中 ID 为 c01 的图片。

（2）单击"标签检查器-行为"面板中的"添加行为"下拉按钮，在下拉菜单中选择"交换图像"命令，弹出"交换图像"对话框，如图 7-1-5 所示。

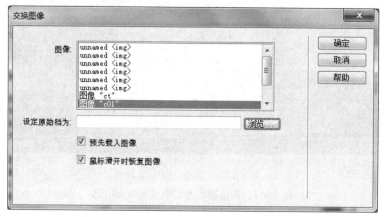

图 7-1-5　"交换图像"对话框

（3）单击"浏览"按钮，选择替换的图片为 images/light/c01.jpg，如图 7-1-6 所示。

图 7-1-6　选择替换的图片

（4）逐一选中 ID 为 c02、c03、c04 的图片，分别为其设置替换图片为 images/light 文件夹中的 c02.jpg、c03.jpg、c04.jpg。

4．制作提示框

（1）在"标签选择器"中选中<body>标签。

（2）单击"标签检查器-行为"面板中的"添加行为"下拉按钮，在下拉菜单中选择"弹出信息"命令，弹出"弹出信息"对话框，如图 7-1-7 所示。

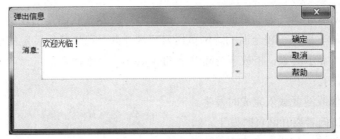

图 7-1-7　"弹出信息"对话框

（3）在文本框中输入提示信息"欢迎光临!"，单击"确定"按钮。

（4）"行为"面板中增加了一项行为"弹出信息"，其默认事件为 onLoad。

（5）用同样的方法添加一个弹出信息框，提示的信息是"欢迎下次光临!"。其默认事件为 onLoad，单击其下拉按钮选择事件 onUnload，如图 7-1-8 所示。

5. 设置状态栏提示信息

（1）在"标签选择器"中选中<body>标签。

（2）单击"标签检查器-行为"面板中的"添加行为"下拉按钮 ➕▾，在下拉菜单中选择"设置文本"→"设置状态栏文本"命令，弹出"设置状态栏文本"对话框，输入文本内容"欢迎来到 e知味!"，如图 7-1-9 所示。

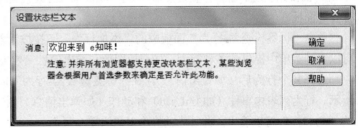

图 7-1-8　选择 onUnload 事件　　　　图 7-1-9　"设置状态栏文本"对话框

（3）保存并浏览网页。浏览器会有图 7-1-10 所示的提示消息，单击"允许阻止的内容"按钮即可正常浏览。

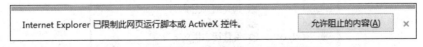

图 7-1-10　浏览器对使用 Active 控件的提示

相关知识

1. 事件与动作

事件可以理解为由浏览器生成的消息。绝大部分事件是由访问者浏览网页时进行某种操作（如移动鼠标等）引发的，也有少数事件是由系统自动引发的。

动作是 Dreamweaver 事先编写好的 JavaScript 脚本程序，这些代码是由开发 Dreamweaver 的工程师精心编写而成的，提供了较全面的跨浏览器兼容性，并且可以执行特定的任务。例如，打开浏览器窗口、隐藏或显示对象、播放声音和停止 Shockwave 音频播放等。

常见的网页事件有：

onLoad：当图像或网页载入完成时发生。

onUnload：当访问者离开网页时发生。

onClick：当访问者在指定的元素上单击时发生。

onMouseOut：当鼠标从指定元素上移开时发生。

onMouseOver：当鼠标移动到指定元素时发生。

2．行为的概念及常用行为

一个完整的"行为"由"事件"和该事件所触发的"动作"两部分组成。当网页中发生某"事件"时，就会执行该"事件"所对应的"动作"，像弹出一个对话框、交换图像、播放音乐等都属于完整行为。

例如，当访问者将鼠标移动到某个图像上时，引发一个该图像的 onMouseOver 事件，浏览器检查是否存在一个在该图像发生事件时对应的 JavaScript 程序，也就是判断是否有一个预先设定的"动作"，如果有，执行程序，这样就完成了整个行为。

一般来说行为只对具有明确 ID 的网页元素起作用。所以在添加行为前要为元素设置 ID，以便在对应的脚本代码中被正确引用。

3．在页面中添加行为

在设计视图中选中需要添加行为的对象（如图像、文本、整个页面等），可通过"标签检查器-行为"面板来实现。若"标签检查器-行为"面板未曾打开，则选择"窗口"菜单→"行为"命令，打开此面板。

单击"标签检查器-行为"面板中的"添加行为"下拉按钮➕⌄，即可打开"行为"下拉菜单。可以看到菜单中提供的各种行为，如交换图像、弹出信息、效果等。

选择某个行为后（如弹出信息），在"标签检查器-行为"面板中出现行为列表，如图 7-1-11 所示。行为列表由事件（如 onLoad）和动作（如弹出信息）两部分组成。通过面板中"标签"后的"<body>"可以看出，此行为的操作对象为整个页面。

图 7-1-11 "标签检查器-行为"面板中的行为

如果要删除行为，需要先选中行为列表中的行为，单击"标签检查器-行为"面板中的"删除事件"按钮━进行删除。

▶ 任务二　使用 Spry 框架制作动态导航菜单

任务导入

本任务使用 Spry 框架中的 Spry 菜单栏制作网页导航中的下拉菜单，并且当鼠标经过菜单项时，菜单背景颜色发生变化，效果如图 7-2-1 所示。

另外，在网页的左侧还创建了一个导航菜单，当鼠标指向时，横向显示子菜单项。制作方法与下拉菜单相同。

图 7-2-1　使用 Spry 制作网页下拉菜单

任务实施

1. 新建"厨艺交流"网页

（1）保存相关素材图片到 dw_web 文件夹的 images 文件夹中。

（2）在 Dreamweaver 中打开"DW 练习"站点，新建一个网页 cyjl.html。网页中空出两个导航菜单的预留位，如图 7-2-2 圆圈标注的位置。

> 注
>
> 本网页使用 Div 或表格布局均可。

图 7-2-2 圆圈处表示导航菜单所在的位置

2. 制作水平导航菜单

（1）将光标定位在水平导航菜单的预留单元格内。单击"Spry"选项卡中的"Spry 菜单栏"按钮 ，弹出"Spry 菜单栏"对话框，如图 7-2-3 所示。选择"水平"单选按钮，单击"确定"按钮。

图 7-2-3 "Spry 菜单栏"对话框

（2）空白处显示一个 Spry 菜单栏，如图 7-2-4 所示。在"属性"面板中也同时出现与此菜单对应的选项。

图 7-2-4 网页中的 Spry 菜单栏

（3）"属性"面板中的菜单条由三个区域组成，分别是主菜单、二级菜单、三级菜单，如图 7-2-5 所示。

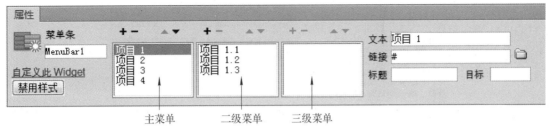

图 7-2-5 "属性"面板中的三个区域

在"属性"面板中，选中"主菜单"区域中的"项目 1"，在右侧的"文本"文本框中输入"厨艺技巧"，在"链接"文本框中输入目标网页"cyjq.html"完成第一个菜单项，如图 7-2-6 所示。

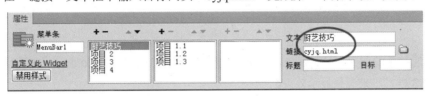

图 7-2-6 建立第一个菜单项

（4）"厨艺技巧"主菜单没有子菜单项，所以要将其二级菜单删除。先选中二级菜单项，再单击相应区域上方的"删除菜单项"按钮━，删除所有二级菜单项。

（5）选中"主菜单"区域中的"项目 2"，在右侧的"文本"文本框中输入"中华美食"。依此类推，完成其他主菜单项。

（6）单击"中华美食"的二级菜单区域上方的"添加菜单项"按钮➕，添加二级菜单项，在右侧的"文本"文本框中输入"家常菜"。

依此类推，添加"川 菜""粤 菜""闽 菜""徽 菜""苏 菜""浙 菜""湘 菜""鲁 菜"等项，如图 7-2-7 所示。

图 7-2-7 添加二级菜单项

（7）用同样的方法建立其他子菜单项。在导航菜单中，除"国外美食"外，其他主菜单均没有三级菜单，如图 7-2-8 所示。

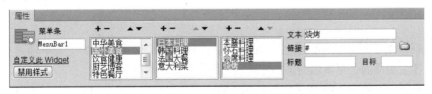

图 7-2-8 建立有三级层次的导航菜单项

（8）导航菜单制作完成后，按【Ctrl+S】组合键保存网页文件。屏幕中会弹出"复制相关文件"的对话框，如图 7-2-9 所示。对话框中所列的文件都是用来支持菜单运行的必备文件，单击"确定"按钮，这些文件就被复制到站点文件夹的 SpryAssets 文件夹中。

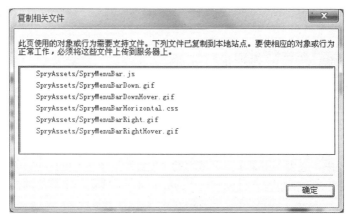

图 7-2-9　"复制相关文件"对话框

（9）此时菜单的背景颜色是灰色，与网页的色调不协调，如图 7-2-10 所示。需要通过"修改"菜单的"CSS 样式"来调整显示效果。

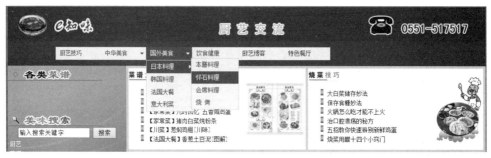

图 7-2-10　导航菜单的背景色与网页色调不协调

在"CSS 样式"面板中展开"SpryMenuBarHorizontal.css"选项，可以看到其中包含很多样式。双击"ul.MenuBarHorizontal a"样式，在弹出的"ul.MenuBarHorizontal a 的 CSS 规则定义（在 SpryMenuBarHorizontal.css 中）"对话框中修改"文本颜色"为"#FFFFFF"，"背景颜色"为"#333300"，其他属性不变。

这样水平导航菜单就创建好了。

3．制作垂直导航菜单

（1）将光标定位在网页左侧的"垂直导航栏"（见图 7-2-2）处预留的单元格中。单击"Spry"选项卡中的"Spry 菜单栏"按钮，弹出"Spry 菜单栏"对话框，选择"垂直"单选按钮，单击"确定"按钮。

（2）与制作水平导航菜单的方法一样完成垂直导航菜单。此菜单的主菜单项只有四个（见图 7-2-1），各主菜单的子菜单项的添加方法也相同。这里不再赘述。

（3）垂直导航菜单在 CSS 样式中背景颜色的设置与水平导航菜单有所不同。方法如下：

在"CSS 样式"面板中展开"SpryMenuBarVertical.css"选项，双击"ul.MenuBarVertical a"样式，在弹出的"ul.MenuBarVertical a 的 CSS 规则定义（在 SpryMenuBarVertical.css 中）"对话框中修改"文本颜色"为"#333333"，"背景颜色"为"#00CC66"，其他属性不变。

（4）按【F12】键保存文件，并在浏览器中测试效果。

相关知识

1. Spry 框架概述

Spry 框架是一个 JavaScript 库,网站设计人员使用它可以为用户提供内容更丰富的网页,向各种页面元素中添加各种不同的效果。

2. Spry 框架中的构件

除了与 XML 相结合使用的构件外,Spry 框架中还有制作页面特效的 Spry 菜单栏、Spry 选项卡式面板、Spry 折叠式和 Spry 可折叠面板构件,这些构件的外观都可以通过 CSS 样式面板进行修改。

3. Spry 选项卡

Dreamweaver 软件在"插入"面板的"Spry"选项卡中提供了一系列 Spry 框架、构件工具,如图 7-2-11 所示。这些工具可以帮助用户方便地创建文本输入、密码输入、列表、Spry 菜单栏、Spry 选项卡式面板、Spry 折叠式和 Spry 可折叠面板等网页元素。

图 7-2-11 Spry 选项卡

▶ 任务三 使用 JavaScript 制作网页特效

任务导入

用户常常在浏览一些网页时会看到自由漂浮的图片。本任务就是使用 JavaScript 来实现这种图片漂浮的效果,如图 7-3-1 所示的"诚聘英才"图片。

图 7-3-1 使用特效的网页

任务实施

（1）打开"DW 练习"站点中的 home.html 文件。

（2）单击"布局"选项卡中的"绘制 AP Div"按钮▤，在网页底部绘制一个 AP Div。

（3）在"属性"面板中设置该 Div 的宽度为"100 像素"，高度为"105 像素"，并设置 ID 为
"job"。

（4）从 images 文件夹中找到图片 cpyc.jpg 插入到该层中。

（5）选中该图片，设置其超链接为 zpxx.html。

（6）切换到"代码"视图，将以下代码输入到<head>…</head>标记对之间。

```javascript
<script type="text/javascript">
<!--
var wwidth, wheight;
var jobydir = '++';
var jobxdir = '++';
var jobx = 1;
var joby = 1;
function getwindowsize() {
   wwidth = document.body.clientWidth - 100;
   wheight = document.body.clientHeight - 105;
}

function restarte() {
   eval('jobx'+jobxdir);
   eval('joby'+jobydir);
   document.all.job.style.pixelLeft = jobx+document.body.scrollLeft;
   document.all.job.style.pixelTop = joby+document.body.scrollTop;
   if (document.all.job.style.pixelTop <= 5+document.body.scrollTop)
      jobydir = '++';
   if (document.all.job.style.pixelTop >= wheight+document.body.scrollTop)
      jobydir = '--';
   if (document.all.job.style.pixelLeft >= wwidth+document.body.scrollLeft)
      jobxdir = '--';
   if (document.all.job.style.pixelLeft <= 5+document.body.scrollLeft)
      jobxdir = '++';
   setTimeout('restarte()', 30);
}
-->
</script>
```

（7）在<body>标记的 onLoad 事件中添加 getwindowsize()和 restarte()两个动作；在<body>标记
的 onResize 事件中添加 getwindowsize()动作。代码如下：

```
<body OnLoad="getwindowsize();restarte()" OnResize="getwindowsize()">
```

（8）按【F12】键保存文件，并在浏览器中测试效果。

相关知识

1. JavaScript 简介

JavaScript 是一种解释性的基于对象的脚本语言，如今已经广泛应用于网页制作中，用它可以编写出各种网页动态效果。在 HTML 基础上，使用 JavaScript 可以开发交互式 Web 网页，不仅增添网页和用户之间实时、动态、交互的功能，还让网页包含更多活跃的元素和更加精彩的内容。

JavaScript 短小精悍，主要是在客户端运行，这样就大大减少了服务器的负荷，提高了网页的浏览速度和交互能力。同时也要求浏览器能支持 JavaScript 语言。目前广大用户所使用的浏览器均能非常友好地支持 JavaScript 语言。

在网页中使用 JavaScript 时，代码需要放在<script>…</script>标记对之间，将其加入或链接到 HTML 文档的相应位置，书写格式如下所示：

```
<script type="text/JavaScript">        或      <script language="JavaScript">
<!--                                            <!--
  此处为 JavaScript 语句                            此处为 JavaScript 语句
//-->                                           //-->
</script>                                       </script>
```

<script type="text/JavaScript">或<script language="JavaScript">均表明当前是用 JavaScript 语言编写的，需要调用相应的解释程序进行解释执行。

2. 使用 JavaScript 制作网页特效

JavaScript 常用来给 HTML 网页添加动态功能，如响应用户的各种操作等。JavaScript 使网页增加互动性，及时响应用户的操作。一般来说，可以在想添加特效的地方直接添加特效代码，或将特效代码添加在<head>…</head>标记对之间，在网页中调用即可。有些特效使用的代码不止一处，还需要在别的地方添加其他代码，相互配合运行。响应用户操作的特效需要在相应的 HTML 标记中添加事件触发语句。

例如，下面这段 JavaScript 代码就可实现在标题栏中显示"闪烁文字"的特效。

```
<script language=javascript >
var title_i=0;
function title_text() {
    if(title_i==0){
        document.title='◇欢◇迎◇光◇临◇e知味◇';
        title_i=1;
    }
    else{
        document.title='◆欢◆迎◆光◆临◆e知味◆';
        title_i=0;
    }
    setTimeout("title_text()", 500);
}
title_text();
</script>
```

项目训练

一、填空题

1．动作是 Dreamweaver 事先编写好的＿＿＿＿＿＿＿＿＿。

2．常见的网页事件有＿＿＿＿＿＿＿＿＿、＿＿＿＿＿＿＿＿＿、＿＿＿＿＿＿＿＿＿、
＿＿＿＿＿＿＿＿＿、＿＿＿＿＿＿＿＿＿。

3．行为由两部分组成，即＿＿＿＿＿＿＿＿和＿＿＿＿＿＿＿＿，通过＿＿＿＿＿＿＿
响应进而执行对应的＿＿＿＿＿＿＿＿。

4．打开"行为"面板的方法是选择＿＿＿＿＿＿＿＿菜单→＿＿＿＿＿＿＿＿命令。

5．使用 Spry 菜单栏制作菜单完成后，保存网页文件时，会弹出＿＿＿＿＿＿＿＿对话框，
单击"确定"按钮，这些文件会被复制到站点文件夹中的＿＿＿＿＿＿＿＿文件夹中。

6．在网页中使用 JavaScript 时，代码需要放在＿＿＿＿＿＿＿＿标记之间。

二、选择题

1．下列事件中，（   ）是鼠标指向对象时发生的事件，（   ）是单击对象时发生的。

    A．onLoad

    B．onClick

    C．onMouseOut

    D．onMouseOver

2．关于 Spry 框架的叙述不正确的是（   ）。

    A．Spry 框架是一个 JavaScript 库

    B．使用 Spry 框架可以制作页面特效

    C．Spry 框架的代码由网页制作人员书写

    D．Spry 框架可以使用 CSS 样式对其进行修改

3．关于 JavaScript 的叙述不正确的是（   ）。

    A．JavaScript 是一种解释性的基于对象的脚本语言

    B．JavaScript 只能在网页中使用

    C．在网页客户端运行 JavaScript，可以大大减少服务器的负荷

    D．使用 JavaScript 可以制作多种多样的网页特效

三、简答题

1．什么是事件和动作？

2．简述行为的概念及特点。

四、操作题

1．参照任务一所介绍的方法，将练习文件夹 exercise 中 home.html 页面中的图片部分制作"交
换图像"效果，如图 7-4-1 所示。

图 7-4-1　"交换图像"效果

2．运行 IE 浏览器，在地址栏中输入 http://www.baidu.com，打开"百度"搜索页，输入关键字"网页特效代码"。可以搜索到很多提供"网页特效代码"的网站，看看都有哪些网页特效呢？

项目八
使用框架布局制作网页

框架结构的网页可以在一个窗口中划分出多个区域。在这些区域中可分别打开各自的网页。例如，一个网页的导航菜单、LOGO 等内容是固定的，而页面中的另一部分信息可以上下或左右移动，这就是一个框架型网页。

由于使用框架之后不便于网络检索，所以框架常用于制作不需要在网络中检索的网页。例如，网站的后台管理界面就可以使用框架结构来设计。

能力目标

1. 掌握框架的概念、组成及属性设置。
2. 掌握使用框架布局网页的方法。
3. 掌握使用浮动框架布局网页的方法。

任务一　建立框架网页的准备工作

任务导入

绝大部分网站都有至少一个后台管理系统来对网站进行维护和更新。图 8-1-1 所示为假设的"e 知味"网站的后台管理界面，在该界面中可以对网站信息进行增加、删除、修改等操作。

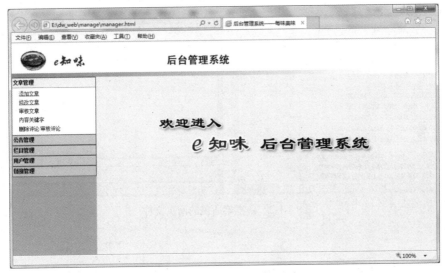

图 8-1-1　用框架布局的网页

该界面使用框架布局来设计制作，整个网页由三个框架组成。图 8-1-1 所示的后台界面实际上是打开了三个网页，这三个网页被安放在三个框架中，而这三个框架又被集中到一个框架集中。

左侧框架中显示的是界面操作的主菜单。单击其中的菜单项，就会在右侧较大的框架（即主编辑区）中显示相关内容，供管理员编辑处理。

本项目是模拟制作一个后台管理界面，而本任务要先制作出相关的网页文件，存放在站点文件夹的 manage 子文件夹中备用。

任务实施

1. 框架中的相关网页

这些网页文件分别是：page_top.html、welcome.html、leftmenu.html、filelist.html、addfile.html 等，如图 8-1-2 所示。下一任务中，再将这些网页置于相应的框架中。

这些与框架有关的网页统一存放在站点文件夹中的 manage 子文件夹中。manage 文件夹中还建立有 images 子文件夹，用于存放所有框架网页中需要的图像文件，如图 8-1-3 所示。

下面来逐一建立框架中的相关网页。

图 8-1-2　各框架所需的网页文件

editor_top.jpg　　pin.gif　　pollsmall.gif　　welcome.jpg

图 8-1-3　框架网页文件中所需的图像文件

2．建立 page_top.html 文件

（1）在 manage 文件夹中新建网页文件，命名为 page_top.html。双击打开此文件，将图像文件 editor_top.jpg 插入到网页中来。

（2）设置网页的"页面属性"：上、下、左、右边距均为"0 像素"。

3．建立 welcome.html 文件

（1）此文件的建立方法同 page_top.html 文件，在网页中插入图像文件 welcome.jpg。

（2）设置图像对齐方式为水平居中。

（3）设置页面背景颜色与图像背景颜色相同，为"#EEEEEE"。

4．建立 leftmenu.html 文件

（1）在 manage 文件夹中新建 leftmenu.html 文件。

（2）设置"页面属性"：上、下、左、右边距均为"0 像素"，背景颜色为"#33CCFF"。

（3）设置<p>标记的 CSS 规则：Font-size 为"12 像素"，Margin-right 和 Margin-left 为"16 像素"，Margin-top 和 Margin-bottom 为"8 像素"。

（4）单击"Spry"选项卡中的"Spry 折叠式"按钮，新建一个折叠式菜单。该折叠菜单共分五大功能块，每个功能块对应的内容如图 8-1-4 所示。

图 8-1-4　折叠菜单的功能示例

5. 建立 filelist.html 文件

真实应用中，该网页中的文章列表是随网站内容的扩展而自动更新的。这里以一个静态网页为例，来说明文章列表网页在框架中的基本制作方法。

（1）在 manage 文件夹中新建 filelist.html 文件。

（2）依次选择"插入"菜单→"表单"→"表单"命令，在网页中插入一个表单。在"属性"面板中设置其"动作"为"article_edit.asp"，表示用"article_edit.asp"文件来接收并处理当前网页中用户提交的数据和操作（此文件可以事后再创建）。

（3）在表单（form）内部插入一个 10 行 4 列的表格。表格的宽度为"100 百分比"，边距和间距均为"0 像素"，边框为"1 像素"，各行单元格的高度为"30 像素"。适当调整各列的宽度，以适合内容的显示，如图 8-1-5 所示。其中第 4 列的各单元格中插入复选框控件，控件名称均为"C1"，控件设置的选定值可使用对应文章在数据库中的记录号，如 1910、1911、1940 等。

经理应邀考察访问日韩快餐行业	评论:0条	☐
总经理应邀考察访问日韩快餐行业	评论:0条	☐
访问日韩快餐行业公司总经理应邀考察访问日韩快餐行业	评论:0条	☐
餐饮服务食品安全阶段性检品安全阶段性检查工作的通知	评论:0条	☐
开展餐饮服务食品安全阶段性检查工作的通知	评论:0条	☐
公司总经理应邀考察访问日韩快考察访问日韩快餐行业勤表	评论:0条	☐
订餐最低8折优惠活动进行中团体订餐最低8折优惠活动进行中	评论:0条	☐
团体订餐最低8折优惠活动进行中团体订餐最低8折优惠活动进行中	评论:0条	☐
会员卡充值返点活动开始全国范围会员卡充值返点活动开始	评论:0条	☐
全国范围会员卡充值返点活动开始全值返点活动开始	评论:0条	☐

图 8-1-5　插入的文章列表表格

（4）在文章列表表格的下方插入一个无边框的表格，用来显示功能按钮。表格水平居中对齐，如图 8-1-6 所示。这些按钮可通过"插入"菜单→"表单"→"按钮"命令来实现。在按钮的"属性"面板中设置按钮文本（值）。

图 8-1-6　插入功能按钮表格

（5）在下方插入一个表单，用以处理当前网页的翻页定位功能，如图 8-1-7 所示。

一共有103篇,当前:1/11   上一页 下一页 跳转到第 页

图 8-1-7　插入定位功能表格

6. 建立 addfile.html 文件

该网页通过使用各种表单控件来实现网页中文章的编辑录入。合理使用表单控件，能构建出人机交互良好的编辑录入界面。实际的编辑界面含有较为复杂的编辑功能（按钮），通常是使用 JavaScript 等脚本语言来实现的（这里省略不作介绍）。编辑界面制作如下：

（1）在 manage 文件夹中新建 addfile.html 文件。设置其页面背景颜色为 "#EEEEEE"，字体大小为 "12 像素"，上、下、左、右边距均为 "2 像素"。

（2）依次选择 "插入" 菜单→ "表单" → "表单" 命令，在网页中插入一个表单。在 "属性" 面板中设置其 "动作" 为 "adafile1.asp"，表示用 "adafile1.asp" 文件来接收并处理当前网页中用户提交的数据和操作（此文件可以事后再创建）。

（3）在表单（Form）内部插入一个 7 行 1 列的表格。设置表格的宽度为 "100 百分比"，边距和间距均为 "0 像素"，边框为 "1 像素"。

（4）根据各自的风格设置表格线的颜色，以修饰当前界面。例如，设置表格和每行的边框线颜色，亮边和暗边颜色分别为 "bordercolorlight="#C0C0C0"和 bordercolordark="#FFFFFF""。

（5）参照图 8-1-8，在各单元格中添加相应的表单控件。

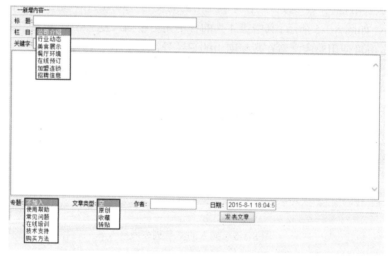

图 8-1-8　"新增内容" 界面

相关知识

1. 框架的概念及应用

框架就是把一个浏览器窗口分成若干个子窗口，每个子窗口中显示不同的网页文件，这种子窗口称为框架（Frame）。每个框架都是浏览器窗口中的一个独立区域，在每个区域中可以显示一个单独的网页而不影响其他区域中的显示内容。多个框架同时显示在一个浏览器窗口中，就组成了框架集（Frameset）。

2. 建立框架网页的准备工作

制作框架网页前，首先要建立一些框架中需要用到的网页，以支撑这个框架。这些网页一般集中保存在一个文件夹（包括子文件夹）中，便于管理维护。在之后的设计过程中，根据实际需要逐步创建更多的网页，链接到框架集中。框架集中的网页是通过在各框架的"属性"面板中设置"源文件"属性进行链接的。

▶ 任务二 建立一个简易的框架网页

任务导入

根据图 8-1-1 所示的网页结构，在任务一中已经将各框架中的网页都制作完成了。本任务需要建立框架集，在框架集中合理地分布框架，然后将前面已经制作完成的网页链接到相应的框架中即可。框架结构及对应的网页如图 8-2-1 所示。

图 8-2-1 各框架对应的网页

任务实施

1. 创建框架网页

（1）在"文件"面板中展开站点文件夹，右击 manage 子文件夹，在弹出的快捷菜单中选择"新建文件"命令，输入文件名为"manager.html"。

（2）依次选择"插入"菜单→"HTML"→"框架"→"上方及左侧嵌套"命令，弹出"框架标签辅助功能属性"对话框，使用系统默认值，单击"确定"按钮。

此时网页中建立了三个框架，顶部框架为"topFrame"、左侧框架为"leftFrame"、右侧框架为

"mainFrame"。

（3）选择"窗口"菜单→"框架"命令，打开"框架"面板。

（4）在"框架"面板中单击框架集上方的外边缘，激活框架集，在"属性"面板中设置"行"的值为"80 像素"。

（5）在"框架"面板中单击下方框架集（即 leftFrame 和 mainFrame 所在的框架集）的边缘，激活框架集，在"属性"面板中设置"列"的值为"200 像素"。

（6）在"框架"面板中单击 leftFrame 框架的内部，激活它。在"属性"面板中设置其"滚动"属性为"自动"。

（7）用同样的方法设置 mainFrame 框架的"滚动"属性为"自动"。

2．为框架链接网页

（1）在"框架"面板中单击 topFrame 框架的内部，激活它。在"属性"面板中设置其"源文件"为"page_top.html"。

（2）用同样的方法设置 leftFrame 框架的"源文件"为"leftmenu.html"、mainFrame 框架的"源文件"为"welcome.html"，结果如图 8-2-2 所示。

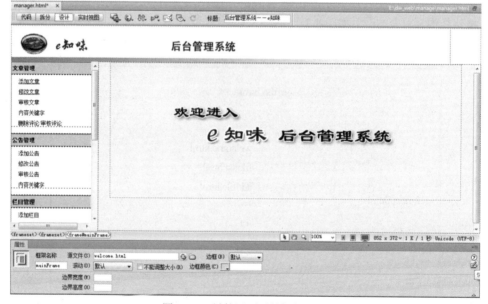

图 8-2-2　链接网页后的框架布局

（3）为左侧菜单设置超链接。选中 leftFrame 框架中的第一个菜单项"添加文章"，在"属性"面板中设置"链接"为"addfile.html"，"目标"为"mainFrame"。

（4）使用同样的方法为 leftFrame 框架中的第二个菜单项"修改文章"设置"链接"为"filelist.html"，"目标"为"mainFrame"。

本任务仅是一个示例，其他菜单项设置链接的方式与此相同，不在此一一赘述。

任务拓展

iframe 浮动框架的练习

（1）在站点的 blog 文件夹中新建一个空白网页文件 iframe_1.html。

（2）依次选择"插入"菜单→"HTML"→"框架"→"IFRAME"命令，插入一个浮动框架，设置此框架属性值，代码如下：

```
<iframe src="http://www.meishichina.com/" scrolling=auto width=100% height=
400 > </iframe>
```

（3）再插入两个浮动框架，代码如下：

```
<iframe src="http://www.meishij.net/" scrolling=auto width=49% height=400>
</iframe>
<iframe src="http://www.xiachufang.com/" scrolling=auto width=50% height=400>
</iframe>
```

（4）保存网页，并浏览观察效果。

相关知识

1. 框架的创建与删除

Dreamweaver CS6 中创建框架网页可以通过"插入"菜单来实现：

依次选择"插入"菜单→"HTML"→"框架"命令，就能看到多种框架结构可供选择，如图 8-2-3 所示，选择一个需要的框架结构即可。

新创建的框架网页中会弹出"框架标签辅助功能属性"对话框，如图 8-2-4 所示。要求为每个框架指定一个可识别的标题（即框架的名称）。可以使用默认的标题，也可以自定义一组便于记忆的标题。

2. 框架的激活及属性设置

如果要修改框架的属性，需要先激活该框架，然后再通过"属性"面板设置属性值。

在"框架"面板中单击要修改的框架，可以激活它。

打开"框架"面板的方法是选择"窗口"菜单→"框架"命令，或按【Shift+F2】组合键。"框架"面板如图 8-2-5 所示。

框架被激活后就可以在"属性"面板中进行相关属性的设置，如图 8-2-6 所示。

框架的属性主要有框架的名称、是否显示边框、边界的宽度/高度、边框的颜色、滚动条的显示方式、是否能在浏览器窗口中调整大小以及在此框架中显示的网页文件等。

图 8-2-3　通过"插入"菜单建立框架

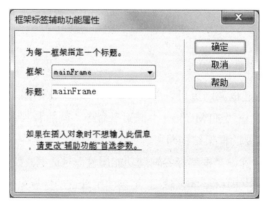

图 8-2-4　"框架标签辅助功能属性"对话框

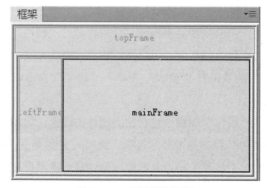

图 8-2-5　"框架"面板

图 8-2-6 通过"属性"面板设置框架的属性

3. 框架集的属性设置

框架包含在框架集中。选中框架集后，可以对其中的框架设置行高或列宽，其值可以是"像素"值，也可以是占整个框架的百分比。最后一种是"相对"值，即根据其他框架所占的行高（列宽），自动调整当前框架的行高（列宽）。

给框架集设置属性前应先选中，方法主要有：

（1）单击框架集的边缘，如图 8-2-7 所示圆圈部分。

（2）在"框架"面板中单击相应的框架边缘。

（3）在激活框架的情况下，单击"标签选择器"中相应的<frameset>标签。

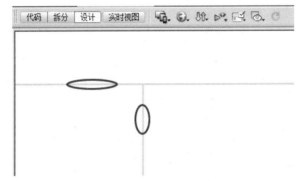

图 8-2-7 单击框架集外边缘

选中框架集后，"属性"面板中显示框架集的属性值，如图 8-2-8 所示。

图 8-2-8 通过"属性"面板设置框架集的属性

框架集的属性主要有是否显示边框、边框宽度、边框颜色以及各框架的行高、列宽等。

4. 浮动框架的概念

浮动框架又称内联框架，标记为<iframe>，它比框架更灵活地实现框架的功能，在使用表格或 Div 布局的页面中，如果要小范围地使用框架来当作图像或网页对象的容器，就可以使用浮动框架，即浮动框架可以灵活地插入到网页的任何位置。

5. 浮动框架的创建及属性设置

在 Dreamweaver CS6 中，依次选择"插入"菜单→"HTML"→"框架"→"IFRAME"命令，

插入浮动框架。在"代码"视图中，会生成<iframe>…</iframe>标记对，对应在"设计"视图中的是一个灰色的正方形，如图8-2-9所示。属性设置要在"代码"视图中进行。

图 8-2-9　网页中插入浮动框架

<iframe>标记的常用属性有：

name：浮动框架的名称。

width：浮动框架的宽度（单位为像素或百分比）。

height：浮动框架的高度（单位为像素或百分比）。

frameborder：是否显示浮动框架的边框（"yes"为显示，"no"为不显示，默认值为"yes"）。

scrolling：浮动框架的滚动条（"auto"为自动，"yes"为显示，"no"为不显示）。

src：浮动框架中显示的网页文件（URL）。

项 目 训 练

一、填空题

1. 将一个浏览器窗口划分为_____个子窗口，每个子窗口显示不同的页面文件，每个页面占据的区域称为_____。

2. 多个框架同时显示在一个浏览器窗口中，就组成了_____。

3. 要修改框架的属性，需要先_____该框架，然后再通过_____面板设置其属性值。

4. 框架的标记是_____，框架集的标记是_____。

5. 浮动框架的标记是_____，常用的属性有_____、_____、_____、_____、_____等。

二、选择题

1. 在框架网页中添加超链接时，"目标"属性设置为（　　）时，可以在新窗口中打开链接页面。

    A. _blank   B. _parent   C. _self   D. _top

2. 设置分框架属性时，要使内容区域不出现滚动条，其属性值应设置成（　　）。

    A. 默认　　　　　　　B. 是　　　　　　　　C. 否　　　　　　　　D. 自动

3. 下列属于设置浮动框架边框属性的是（　　）。

    A. name　　　　　　　B. width　　　　　　　C. height　　　　　　　D. frameborder

4. 若要显示浮动框架的滚动条，则下列设置正确的是（　　）。

    A. scrolling="yes"　　B. scrolling="no"　　C. src="yes"　　D. src="no"

三、简答题

1. 简述创建框架网页的方法。

2. 如何激活框架？

四、操作题

参照本项目的后台管理系统界面布局和实际功能，利用框架结构为"茗香绿长"公司网站建立后台管理系统，操作界面如图 8-3-1 所示，主页面以 manager.html 为名保存。

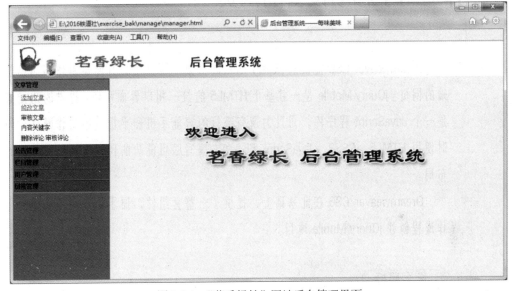

图 8-3-1　"茗香绿长"网站后台管理界面

项目九
制作适用于移动设备的网页

　　Dreamweaver CS6 提供的 jQuery Mobile 框架，可以十分方便地制作移动设备端的网页。jQuery Mobile 是一款基于 HTML5 的统一用户界面系统，提供的功能集是一个 JavaScript 程序库，可以为所有流行的智能手机和平板电脑制作网页。同时使用 HTML5、CSS3、JavaScript 和 AJAX 编写尽可能少的代码来完成对页面的布局。

　　Dreamweaver CS6 在此基础上，提供了一整套组件，便于用户利用简化的工作流程创建 jQuery Mobile 项目。

能力目标

1. 认识 jQuery Mobile 框架。
2. 掌握使用 jQuery Mobile 功能制作简易的移动端网页。
3. 掌握使用 jQuery Mobile 功能美化移动端网页。

任务一　建立一个简易的移动端网页

任务导入

移动互联网（Mobile Internet，MI）是一种通过智能移动终端，采用移动无线通信方式获取业务和服务的互联网业务。智能移动终端主要是指智能手机、平板电脑、电子书、MID 等。随着移动设备使用率的不断提高，人们通过移动互联网获得信息也越来越便捷，从而深受大众的推崇。

本任务先学习如何建立一个图 9-1-1 所示的简易手机端网页。

图 9-1-1　简易手机端网页

任务实施

1．新建一个 jQuery Mobile 网页

（1）在站点文件夹中建立 mobile 子文件夹，并在此子文件夹中建立下级 images 子文件夹，用于存放相关图像素材。

（2）保存相关图像素材到 images 子文件夹中。

（3）选择"文件"菜单→"新建"命令，在弹出的"新建文档"对话框中选择"示例中的页"→"Mobile 起始页"→"jQuery Mobile（本地）"选项，即可新建一个 jQuery Mobile 页面，如图 9-1-2 所示。

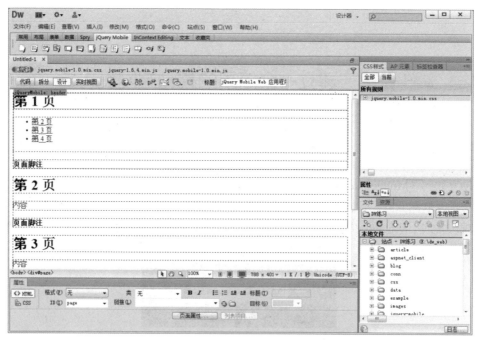

图 9-1-2　新建的 jQuery Mobile 页面

（4）按【Ctrl+S】组合键，保存此页面到 mobile 文件夹中，命名为"ezw_m.html"。保存过程中，弹出图 9-1-3 所示的"复制相关文件"对话框。这是对 jQuery Mobile 中使用到的 CSS3 样式和 JavaScript 脚本进行保存，单击"复制"按钮即可。

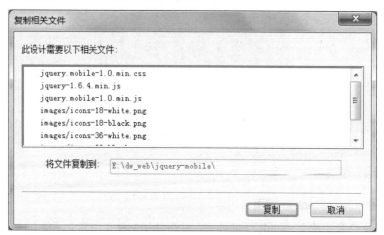

图 9-1-3　"复制相关文件"对话框

（5）按【F12】键，浏览网页，如图 9-1-4 所示，IE 浏览器会出现提示信息，单击"允许阻止的内容"按钮。调整浏览器窗口大小，模拟成手机屏幕尺寸，如图 9-1-5 所示。

2. 通过手机浏览网页

要让手机也能浏览此网页，需要将此网页复制到 Web 服务器中。在手机端，打开浏览器程序，输入服务器地址和网页文件名。不妨将本地计算机设置成 Web 服务器，便于手机端浏览。

设置 Web 服务器的方法在项目一中已经作过介绍，这里不再赘述。

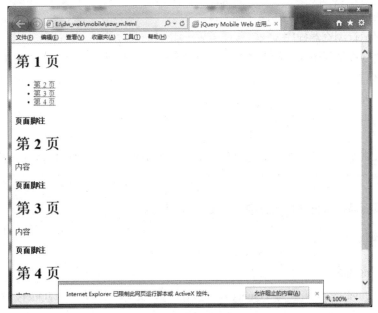

图 9-1-4　浏览器的提示信息

图 9-1-5　jQuery Mobile 网页的显示效果

为了适应不同的手机屏幕分辨率，让网页在不同的手机端都能正常显示，而不需要左右滑动屏幕，可在网页头部（<title>标记的上方）加入代码如下：

```
<meta name="viewport" content="width=device-width, initial-scale=1">
```

然后，再在手机端进行浏览。操作如下：

（1）手机端运行浏览器程序。

（2）在浏览器地址栏中输入网页 URL。假设服务器的 IP 地址为"192.168.3.145"，则网页的 URL 为"192.168.3.145/mobile/ezw_m.html"。

> **注**
>
> 此时，提供 Wi-Fi 信号的路由器的 IP 地址与服务器的 IP 地址在同一可访问的地址范围内。

（3）打开页面后，手机端显示正常，如图 9-1-1 所示。

 相关知识

1．jQuery Mobile

jQuery 就是 JavaScript 和查询（Query），是辅助 JavaScript 开发的库。jQuery Mobile 是 jQuery 在手机和平板设备上的版本。jQuery Mobile 不仅给主流移动平台带来 jQuery 核心库，而且还发布一个完整统一的 jQuery 移动 UI 框架，支持全球主流的移动平台。

虽然 jQuery Mobile 利用最新的 HTML5、CSS3 和 JavaScript 来实现完善的网页功能，但是也为那些低端的移动设备提供向下兼容的功能和尽量好的体验。

在网页开发过程中，jQuery Mobile 框架简单易用。主要使用标记实现功能，无需或仅需编写很少的 JavaScript 代码。

jQuery Mobile 目前支持以下操作系统的移动平台：Apple iOS、Android、Blackberry OS、Web OS、Windows Phone 8/8.1/10 等。

2．jQuery Mobile 的页面

使用 jQuery Mobile 可以在一个 HTML 文件中创建多个页面。每个页面由多个<div>标记组成，设计过程中给属性为 data-role="page"的 Div 设置唯一的 ID，以此来区分每个页面。各个页面通过超链接标记<a>的"href"属性来链接。

页面结构代码如下：

```html
<div data-role="page" id="page">
    <div data-role="header">
        <h1>欢迎访问我的主页</h1>
    </div>
    <div data-role="content">
        <p>这是我的第一个移动端网页！</p>
    </div>
    <div data-role="footer">
        <h1>页脚文本</h1>
    </div>
</div>
```

上述代码的说明如下：

data-role="page"：是显示在浏览器中的页面。

data-role="header"：创建页面上方的工具栏（常用于标题和搜索按钮）。

data-role="content"：定义页面的内容，如文本、图像、表单和按钮等。

data-role="footer"：创建页面底部的工具栏。

3．jQuery Mobile 选项卡

Dreamweaver CS6 提供了一组 jQuery Mobile 工具，如图 9-1-6 所示。通过此选项卡可以非常方便地将页面元素添加到网页中来。

图 9-1-6　jQuery Mobile 选项卡

4．新建 jQuery Mobile 页面的方法

（1）选择"文件"菜单中的"新建"命令，弹出"新建文档"对话框，选择"示例中的页"→"Mobile 起始页"→"jQuery Mobile（本地）"选项即可，如图 9-1-7 所示。

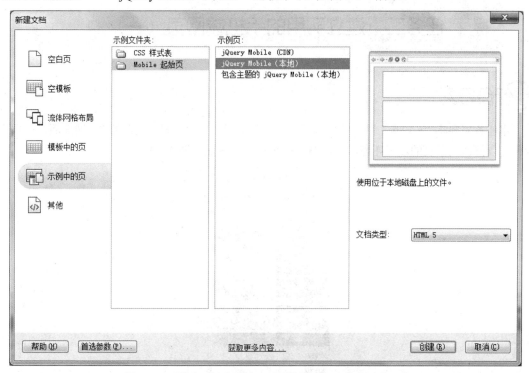

图 9-1-7　通过"新建文档"对话框创建 jQuery Mobile 页

（2）选择"文件"菜单→"新建"命令，弹出"新建文档"对话框，选择"流体网格布局"选项，再选择一类移动设备即可，如图 9-1-8 所示。

（3）先新建一个普通网页，再单击 jQuery Mobile 选项卡中的"jQuery Mobile 页面"按钮，插入 jQuery Mobile 页面即可。

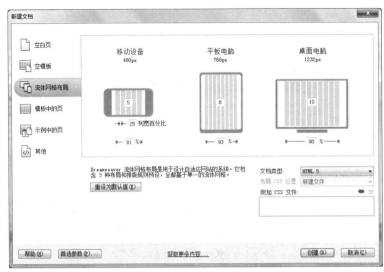

图 9-1-8 通过"新建文档"对话框创建移动设备网页

任务二 建立实用的手机端网页（一）

任务导入

本任务需要将"e 知味"网站的内容添加到手机端网页中去。要对之前的 PC 端页面进行重组优化，以便适应手机的使用环境。"e 知味"的手机端首页面如图 9-2-1 所示。

图 9-2-1 "e 知味"的手机端首页面

通过本任务可以基本了解 HTML5 及 CSS3，掌握部分 HTML5 元素的属性设置，设计出有个性的精美手机端网页。

任务实施

1. 设置标题和页面脚注的格式

（1）保存相关素材图片到"E:\dw_web\mobile\images"文件夹中。

（2）运行 Dreamweaver，在"DW 练习"站点中打开 mobile 文件夹中的 ezw_m.html 网页文件。

（3）将光标定位到"第 1 页"的标题 Div 中，切换到"拆分"视图。修改 Div 的属性值，将 <div data-role="header">改为<div data-role="header" data-theme="c">，设置标题外观为"亮灰色背景，黑色文本"主题。

（4）删除标题文本"第 1 页"，插入事先保存的企业 LOGO 图像文件 top.png。

（5）用同样的方法，设置页面脚注的外观也为"亮灰色背景，黑色文本"主题，同时删除"页面脚注"文字，插入图像文件 bottom.png。

2. 制作顶部水平导航菜单

在"代码"视图中，将光标定位到标题 Div 的<h1>标记之后，插入如下代码来构建导航菜单，图 9-2-2 中所选内容为插入菜单的代码。

```
<div data-role="navbar">
    <ul>
        <li><a href="#page2">最新菜品</a></li>
        <li><a href="#page3">预定包间</a></li>
        <li><a href="#page4">餐厅环境</a></li>
        <li><a href="#page5" data-rel="dialog">联系我们</a></li>
    </ul>
</div>
```

图 9-2-2　水平导航菜单的制作

> **注**
>
> 　　设置"联系我们"页面的超链接属性时，使用了 data-rel="dialog"，表示以对话框的方式显示此页面。

3．设置首页商品列表

（1）将光标定位到"第4页"之后，单击"jQuery Mobile"选项卡中的"jQuery Mobile 页面"按钮，添加一个新页面，其 ID 为"page5"，如图 9-2-3 所示。

图 9-2-3　添加新页面

（2）将"content"Div 中的导航列表一分为二，如图 9-2-4 所示。

图 9-2-4　拆分导航列表

> **注**
>
> 　　拆分导航列表时，在"拆分"视图中，通过代码操作更方便些。

　　（3）将导航列表中的"第2页""第3页""第4页"这三行文本分别改成"最新菜品""预定包间""餐厅环境"，其超链接设置不变。添加一行文本"联系我们"，设置其链接目标为"page5"，如图 9-2-5 所示。

图 9-2-5 修改导航列表

（4）将光标定位到"最新菜品"Div 之后。单击"jQuery Mobile"选项卡中的"jQuery Mobile 布局网格"按钮，弹出"jQuery Mobile 布局网格"对话框，设置网格为 3 行 2 列，单击"确定"按钮，如图 9-2-6 所示。

图 9-2-6 "jQuery Mobile 布局网格"对话框

（5）将 images 文件夹中的菜品图像文件 c01.jpg～c06.jpg 分别插入到 6 个网格中，并在每张菜品图片右侧插入购物车图片 gwc01.png。

（6）设置图片的对齐方式为"居中对齐"，在这些图片右侧的空白处右击，在弹出的快捷菜单中选择"对齐"→"居中对齐"命令，如图 9-2-7 所示。

图 9-2-7 插入菜品图片

4．制作首页底部信息

（1）将光标定位到"联系我们"所在的 Div 之后，单击"常用"选项卡中的"插入 Div 标签"按钮，插入一个 Div，设置 ID 为"lxwm"，如图 9-2-8 所示。

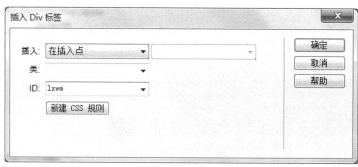

图 9-2-8 "插入 Div 标签"对话框

（2）输入企业的联系方式。

（3）在"CSS 样式"面板中新建一个 CSS 规则，"选择器名称"为".container_1"，"规则定义"为"（仅限该文档）"选项。方框选项卡的规则设置如图 9-2-9 所示。另外在"区块"选项卡中设置"Text-align"属性为"center"。

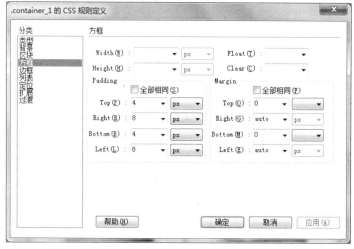

图 9-2-9 ".container_1 的 CSS 规则定义"对话框

（4）将"container_1"规则应用于"lxwm"Div，如图 9-2-10 所示。

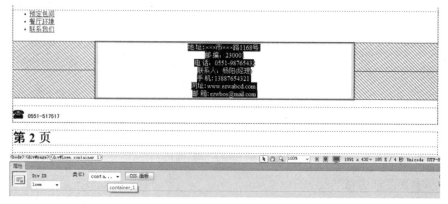

图 9-2-10 设置 Div 的 CSS 样式

相关知识

1. jQuery Mobile 中的页面

通常设计者会在只包含 jQuery Mobile 组件的 HTML 网页文件中创建多个页面，通过为带有 data-role="page"属性的 Div 设置唯一的 ID 来区分每个页面，并使用超链接实现页面间的跳转。浏览时一次显示一个页面。例如：

```
<div data-role="page" id="page1">
    <div data-role="content">
        <a href="#page2">转到页面二</a>
    </div>
</div>
<div data-role="page" id="page2">
    <div data-role="content">
        <a href="#page1">转到页面一</a>
    </div>
</div>
```

2. jQuery Mobile 的主题

jQuery Mobile 提供了五种不同的样式主题"a"～"e"。每种主题由多种可见的效果和颜色构成，并带有不同颜色的按钮、栏目、内容块等。

使用 data-role 属性可对页面进行主题化。

（1）主题化的标题、内容和页面脚注。

```
<div data-role="header" data-theme="b"></div>
<div data-role="content" data-theme="a"></div>
<div data-role="footer" data-theme="e"></div>
```

（2）主题化的按钮，显示效果如图 9-2-11 所示。

```
<a href="#" data-role="button" data-theme="a">Button</a>
<a href="#" data-role="button" data-theme="b">Button</a>
<a href="#" data-role="button" data-theme="c">Button</a>
```

图 9-2-11 主题化按钮

（3）主题化的对话框。

```
……
<a href="#page2" data-rel="dialog">以对话框方式打开页面2</a>
……
<div data-role="page" id="page2" data-overlay-theme="e">
    <div data-role="header" data-theme="b"></div>
    <div data-role="content" data-theme="a"></div>
    <div data-role="footer" data-theme="c"></div>
</div>
```

（4）标题和页面脚注中的主题化按钮。

```
<div data-role="header">
```

```
      <a href="#" data-role="button" data-icon="home" data-theme="b">首页</a>
         <h1>欢迎来到我的主页</h1>
      <a href="#" data-role="button" data-icon="search" data-theme="e">搜索</a>
   </div>
   <div data-role="footer">
      <a href="#" data-role="button" data-theme="b" data-icon="plus">按钮1</a>
      <a href="#" data-role="button" data-theme="c" data-icon="plus">按钮2</a>
      <a href="#" data-role="button" data-theme="e" data-icon="plus">按钮3</a>
   </div>
```

使用 data-theme 属性可定制应用程序的外观，只要分配一个相应的属性值即可。例如：

```
<div data-role="page" data-theme="a|b|c|d|e">
```

各属性值的显示效果如表 9-2-1 所示。

表 9-2-1 jQuery Mobile 主题的各属性值显示效果

值	描　　　述
a	默认值。黑色背景上的白色文本
b	蓝色背景上的白色文本/灰色背景上的黑色文本
c	亮灰色背景上的黑色文本
d	白色背景上的黑色文本
e	橙色背景上的黑色文本

3. jQuery Mobile 导航栏

导航栏由一组水平排列的链接构成，通常位于标题或页面脚注内部，使用 data-role="navbar"
属性来定义。默认情况下，导航栏中的链接会自动转换为按钮（无须设置 data-role="button"属性）。
例如：

```
<div data-role="header">
   <div data-role="navbar">
      <ul>
         <li><a href="#anylink">首页</a></li>
         <li><a href="#anylink">页面二</a></li>
         <li><a href="#anylink">搜索</a></li>
      </ul>
   </div>
</div>
```

导航栏中各按钮的宽度一般与其内容一致。默认情况下，使用无序列表来均匀等分页面。一
个按钮占据 100%的宽度，两个按钮各占 50%的宽度，三个按钮各占 33.3%的宽度，依此类推。如
果导航栏中设定了五个以上的按钮，则会弯折为多行按钮。

在按钮的超链接属性中设置 class="ui-btn-active"时，可实现活动按钮的效果。表示当单击导航
栏中的链接时，会显示为"按下"的状态。

4. jQuery Mobile 可折叠区块

通过可折叠区块（collapsible-set）可以隐藏或显示相关内容。当页面内容较多，需要分类显示

时，此项功能很有用。

给某个 Div 分配 data-role="collapsible"属性，即可创建可折叠区块。需要在<div>标记对中，添加一个标题元素（h1～h6），然后可以添加任意扩展的 HTML 标记。代码如下：

```
<div data-role="collapsible">
    <h1>点击我 - 我可以折叠！</h1>
    <p>我是可折叠的内容。</p>
</div>
```

默认情况下，首次打开网页时内容均是折叠的。如需在页面加载时显示折叠的内容，可使用 data-collapsed="false"属性。

可折叠区块是可以嵌套的。代码如下：

```
<div data-role="collapsible">
    <h1>点击我 - 我可以折叠！</h1>
    <p>我是被展开的内容。</p>
    <div data-role="collapsible">
        <h1>点击我 - 我是嵌套的可折叠块！</h1>
        <p>我是嵌套的可折叠块中被展开的内容。</p>
    </div>
</div>
```

5. jQuery Mobile 布局网格

jQuery Mobile 提供了一套基于 CSS 样式的列布局方案。由于移动设备的屏幕宽度所限，一般不推荐在移动设备上使用列布局。但是在定位更小的元素时，列布局就非常适合了，如按钮或导航菜单。

布局网格由<div 网格类型>和<div 网格列块>组合而成。网格中的列是等宽的（总宽度是100%），无边框、背景、外边距或内边距。可使用的布局网格类型有四种，如表 9-2-2 所示。

表 9-2-2　布局网格的类型

网格类型	列数	每列宽度比	网格列块
ui-grid-a	2	50% / 50%	ui-block-a|b
ui-grid-b	3	33% / 33% / 33%	ui-block-a|b|c
ui-grid-c	4	25% / 25% / 25% / 25%	ui-block-a|b|c|d
ui-grid-d	5	20% / 20% / 20% / 20% / 20%	ui-block-a|b|c|d|e

布置一个 2 行 3 列的网格，代码如下：

```
<div class="ui-grid-b">
    <div class="ui-block-a"><span>第 1 行第 1 格</span></div>
    <div class="ui-block-b"><span>第 1 行第 2 格</span></div>
    <div class="ui-block-c"><span>第 1 行第 3 格</span></div>
    <div class="ui-block-a"><span>第 2 行第 1 格</span></div>
    <div class="ui-block-b"><span>第 2 行第 2 格</span></div>
    <div class="ui-block-c"><span>第 2 行第 3 格</span></div>
</div>
```

6. jQuery Mobile 列表视图

jQuery Mobile 中的列表视图是标准的 HTML 列表：有序列表<ol>和无序列表<ul>。创建列表时，在<ol>标记或<ul>标记中添加 data-role="listview"属性。在每个列表项<li>标记中设置超链接即可实现网页间的跳转。

```
<ol data-role="listview">
    <li><a href="#">列表项</a></li>
</ol>
<ul data-role="listview">
    <li><a href="#">列表项</a></li>
</ul>
```

如需为列表添加圆角样式和外边距，可在<ol>标记或<ul>标记中设置 data-inset="true"属性。

▶ 任务三　建立实用的手机端网页（二）

任务导入

任务二中已制作了"e 知味"的手机端首页，本任务需要将"e 知味"网站的子页面内容添加进去。"e 知味"的手机端子页面如图 9-3-1 所示。

图 9-3-1　"e 知味"的手机端子页面

通过本任务可以熟练掌握部分 HTML5 元素的属性设置，设计出有个性的精美网页。

任务实施

1. 设置子页面的标题和页面脚注格式

（1）将光标定位到"第 2 页"的标题 Div 中，切换到"拆分"视图。修改 Div 的属性值，将 `<div data-role="header">` 改为 `<div data-role="header" data-theme="c">`，设置标题外观为"亮灰色背景，黑色文本"主题。

（2）修改标题文本"第 2 页"为"最新菜品"。

（3）使用同样的方法，设置页面脚注的外观为"亮灰色背景，黑色文本"主题，同时删除"页面脚注"文字，插入图像文件 bottom.png。

（4）在标题 Div 中添加一个可以返回首页的按钮。切换到"代码"视图，在 `<h1>` 标记对之前加入以下代码即可。

```
<a href="#page" data-role="button" data-icon="home">首页</a>
```

（5）参照任务二的方法，为各子页面制作顶部水平导航菜单。

（6）其他子页面的标题与页面脚注也用此方法进行修改。注意其他子页面的标题分别为"预定包间""餐厅环境"和"联系我们"。

2. 设置子页面的显示内容

（1）参照任务二的做法，在"最新菜品"页面的内容区域"content"中，删除"内容"二字，单击"jQuery Mobile"选项卡中的"jQuery Mobile 布局网格"按钮 🔲，弹出"jQuery Mobile 布局网格"对话框，插入 5 行 2 列的网格。将 images 文件夹中 c01.jpg～c10.jpg 共 10 个图像文件分别插入到 10 个区块中，设置各图像的对齐方式为"居中对齐"。

（2）在"预定包间"页面的内容区域"content"中，删除"内容"二字。参照图 9-3-2 在内容区域中插入 jQuery Mobile 表单控件。

图 9-3-2　插入 jQuery Mobile 表单控件

在插入"选择酒店"的"jQuery Mobile 选择菜单"时，通过"属性"面板设置其列表值，如图 9-3-3 所示。

图 9-3-3　设置"jQuery Mobile 选择菜单"的列表值

在插入"选择包间类型"的"jQuery Mobile 单选按钮"和"选择区域"的"jQuery Mobile 复选框"时，属性值设置分别如图 9-3-4 和图 9-3-5 所示。

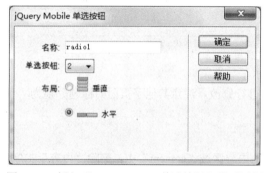

图 9-3-4　插入"jQuery Mobile 单选按钮"的对话框

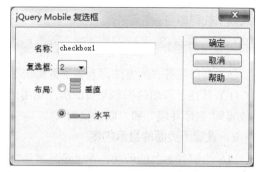

图 9-3-5　插入"jQuery Mobile 复选框"的对话框

插入"jQuery Mobile 按钮"的对话框如图 9-3-6 所示。此处，选择"按钮类型"为"输入"选项。

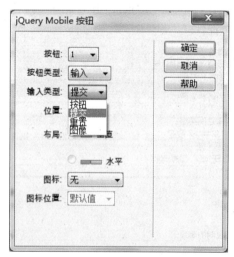

图 9-3-6　插入"jQuery Mobile 按钮"的对话框

（3）切换到"代码"视图，整理表单控件的代码。

可以看到，代码中每个控件均由带有 data-role="fieldcontain"属性的 Div 包含着。现将第一个控件的 <div data-role="fieldcontain"> 和其对应的 </div> 分别改成表单标记 <form method="post"

action="#">和</form>。其他控件前后的<div data-role="fieldcontain">和</div>全部删除。整理后的代码如下：

```
<div data-role="content" data-theme="c">
    <form method="post" action="#">
        <label for="textinput">您贵姓:</label>
            <input type="text" name="textinput" id="textinput" value="" />
        <label for="selectmenu" class="select">选择酒店:</label>
        <select name="selectmenu" id="selectmenu">
                <option value="0" selected>请选择店名</option>
                <option value="1">上海&gt;淮海路店</option>
                <option value="2">上海&gt;南京路店</option>
        </select>
        <label for="textinput2">您的消费日期:</label>
        <input type="date" name="textinput2" id="textinput2" value="" />
        <label for="textinput3">您的消费时间:</label>
        <input type="time" name="textinput3" id="textinput3" value="" />
        <label for="textinput4">您的消费人数:</label>
        <input type="text" name="textinput4" id="textinput4" value="" />
        <label for="textinput5">您的手机号:</label>
        <input type="text" name="textinput5" id="textinput5" value="" />
        <fieldset data-role="controlgroup" data-type="horizontal">
                <legend>选择包间类型:</legend>
                <input type="radio" name="radio1" id="radio1_0" value="" />
                <label for="radio1_0">单包</label>
                <input type="radio" name="radio1" id="radio1_1" value="" />
                <label for="radio1_1">散座</label>
        </fieldset>
        <fieldset data-role="controlgroup" data-type="horizontal">
                <legend>选择区域:</legend>
                <input type="checkbox" name="checkbox1" id="checkbox1_0"
                class="custom" value="" />
                <label for="checkbox1_0">无烟区</label>
                <input type="checkbox" name="checkbox1" id="checkbox1_1"
                class="custom" value="" />
                <label for="checkbox1_1">吸烟区</label>
        </fieldset>
        <label for="textarea">需说明的事项:</label>
        <textarea cols="40" rows="8" name="textarea" id="textarea"></textarea>
        <input type="submit" value="提交" />
        <input type="reset" value="重置" />
    </form>
</div>
```

带有下画线的代码表示输入日期和时间的文本框类型，分别设置了"date"属性和"time"属性。

（4）参照"最新菜品"页面的做法，制作"餐厅环境"子页面。页面中使用的图像文件在images文件夹中，分别是ct01.jpg～ct06.jpg。

（5）将首页下方的"联系方式"Div复制到最后的"联系方式"页面中。

保存并浏览网页，部分页面效果如图9-3-1所示。

相关知识

1. jQuery Mobile 表单

jQuery Mobile 使用 CSS 规则来设置 HTML 表单控件的样式，美观方便。主要控件有文本框、搜索框、单选按钮、复选框、选择菜单、滑块、翻转切换开关。

使用 jQuery Mobile 表单时，要注意以下事项：

（1）<form>标记必须设置 method 和 action 属性。

（2）每个表单控件必须设置该站点中唯一的 ID。这是因为 jQuery Mobile 的单页面导航模型允许许多不同的"页面"同时呈现。

（3）每个表单控件必须有一个<label>标记。设置<label>标记的 for 属性来匹配控件的 ID。

```
<form method="post" action="demoform.asp">
    <label for="fname">姓名: </label>
    <input type="text" name="fname" id="fname">
</form>
```

2. jQuery Mobile 输入控件

（1）文本输入。与标准的 HTML 相同，文本输入通过<input type="text">属性实现。

```
<form method="post" action="demoform.asp">
    <div data-role="fieldcontain">
        <label for="fullname">全名: </label>
        <input type="text" name="fullname" id="fullname">
    </div>
</form>
```

当 type="date"时，此控件为日期输入控件；当 type="time"时，此控件为时间输入控件。

（2）文本框。使用<textarea>标记来实现多行文本输入。当输入的文本过多时，文本框会自动扩大，以适应输入的文本。

```
<form method="post" action="demoform.asp">
    <div data-role="fieldcontain">
        <label for="info">个人信息: </label>
        <textarea name="addinfo" id="info"></textarea>
    </div>
</form>
```

（3）搜索框。使用 type="search"属性，是 HTML5 的新类型，提供输入搜索词的文本框。

```
<form method="post" action="demoform.asp">
    <div data-role="fieldcontain">
        <label for="search">搜索: </label>
        <input type="search" name="search" id="search">
    </div>
</form>
```

（4）单选按钮。当用户只选择若干选项中的一个时，可使用"单选按钮"控件。创建一组单选按钮，使用带有 type="radio"属性的<input>标记以及相应的<label>标记，在<fieldset>标记中包装"单选按钮"，并使用 data-role="controlgroup"属性来组合这些按钮，也可以添加<legend>标记来定义<fieldset>标记的标题。

```
<form method="post" action="demoform.asp">
    <fieldset data-role="controlgroup">
        <legend>性别: </legend>
        <label for="male">男</label>
        <input type="radio" name="gender" id="male" value="male">
        <label for="female">女</label>
        <input type="radio" name="gender" id="female" value="female">
    </fieldset>
</form>
```

（5）复选框。当用户选择若干选项中的一个或多个选项时，可使用"复选框"控件。

```
<form method="post" action="demoform.asp">
    <fieldset data-role="controlgroup">
        <legend>选择你喜欢的颜色: </legend>
        <label for="red">红</label>
        <input type="checkbox" name="favcolor" id="red" value="red">
        <label for="green">绿</label>
        <input type="checkbox" name="favcolor" id="green" value="green">
        <label for="blue">蓝</label>
        <input type="checkbox" name="favcolor" id="blue" value="blue">
    </fieldset>
</form>
```

（6）按钮。使用 type="button"属性是"按钮"控件。

```
<input type="button" value="提交">
<input type="button" value="重置">
```

3. jQuery Mobile 选择菜单

使用<select>标记创建带有若干选项的下拉菜单。<select>标记中的<option>标记定义下拉菜单中的可用选项。

```
<form method="post" action="demoform.asp">
    <fieldset data-role="fieldcontain">
        <label for="day">选择日期</label>
        <select name="day" id="day">
            <option value="mon">星期一</option>
            <option value="tue">星期二</option>
            <option value="wed">星期三</option>
        </select>
```

```
        </fieldset>
    </form>
```

如需在选择菜单中选取多个选项，可在<select>标记中使用 multiple 属性。代码如下：

```
<select name="day" id="day" multiple>
```

4．jQuery Mobile 滑块控件

（1）jQuery Mobile 滑块。使用滑块可以在一定范围的数字中取值。使用<input>标记的 type="range"属性可创建滑块。

```
<form method="post" action="demoform.asp">
    <div data-role="fieldcontain">
        <label for="points">取值: </label>
        <input type="range" name="points" id="points" value="50" min="0" max="100">
    </div>
</form>
```

<input>标记还包含下列属性：

① max：滑块允许的最大值；

② min：滑块限制的最小值；

③ step：设置连续变化的数字间隔，默认值为 1；

④ value：设置滑块的默认值。

（2）翻转切换开关。翻转切换开关常用于"开/关"或"对/错"等逻辑判断。创建翻转切换开关时，使用含 data-role="slider"属性的<select>标记，并添加两个<option>标记。

```
<form method="post" action="demoform.asp">
    <div data-role="fieldcontain">
        <label for="switch">状态切换: </label>
        <select name="switch" id="switch" data-role="slider">
            <option value="on">On</option>
            <option value="off">Off</option>
        </select>
    </div>
</form>
```

 项 目 训 练

一、填空题

1．使用 jQuery Mobile 组件可以在一个 HTML 文件中创建＿＿＿＿＿＿＿＿＿个页面。这些页面通过＿＿＿＿＿＿＿＿标记来组织，设计时要给＿＿＿＿＿＿＿＿设置唯一的 ＿＿＿＿＿＿＿＿＿＿，以此来分隔每个页面。

2．在 Div 中，用于定义网页标题的属性是 data-role="＿＿＿＿＿＿＿＿＿"；用于定义网页页面脚注的属性是 data-role="＿＿＿＿＿＿＿＿"；用于定义网页内容的属性值是 data-role="＿＿＿＿＿＿＿＿"；用于定义网页中的显示页的属性是 data-role="＿＿＿＿＿＿＿＿"。

3．要在当前页面的内容区域中设置白底黑字的主题效果，代码是＿＿＿＿＿＿＿＿＿。

4．设置 jQuery Mobile 可折叠区块的属性是＿＿＿＿＿＿＿＿＿。

5．在超链接标记中使用＿＿＿＿＿＿＿＿＿属性，即以对话框的方式显示目标页面。

二、选择题

1．下列标记中不属于接收用户输入信息的是（　　　）。

    A．<select>   B．<h1>   C．<input>   D．<textarea>

2．下列不属于 jQuery Mobile 布局网格属性的是（　　　）。

    A．<div class="ui-grid-b">   B．<div class="ui-block-a">

    C．<div class="ui-block-b">   D．<div class="ui-block-x">

3．下列与建立翻转切换开关无关的标记或属性是（　　　）。

    A．data-role="slider"   B．<select>   C．<option>   D．<button>

三、操作题

利用所学的知识方法，制作"茗香绿长"的手机版页面。界面设计参考图 9-4-1。

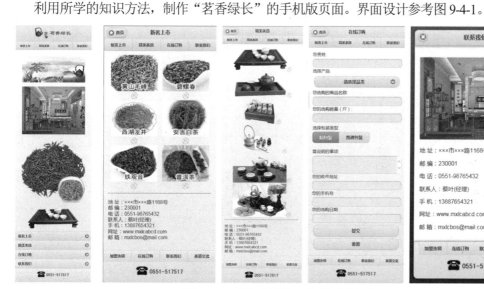

图 9-4-1　"茗香绿长"的手机版界面

参 考 文 献

[1] 刘红梅. 网页设计与制作 Dreamweaver CS3[M]. 南京：江苏教育出版社，2013.

[2] 龙飞. 网页制作三剑客（Studio 8）职业技能与商业应用教程[M]. 成都：成都时代出版社，2006.

[3] 黄圣杰，王际勇，宋海波，等. HTML 亲密接触[M]. 北京：北京希望电子出版社，2001.